Horology, a child of astronomy

Dominique Fléchon: Historian and Expert in Fine Watchmaking
Grégory Gardinetti: Historian in Fine Watchmaking

L'horlogerie, fille de l'astronomie

Dominique Fléchon : historien et expert en Haute Horlogerie
Grégory Gardinetti : historien en Haute Horlogerie

©Fondation de la Haute Horlogerie, Genève, 2013

All rights reserved. No part of this publication may be reproduced in any form or by any means, electronic, photocopy, information retrieval system, or otherwise, without a written permission from the Fondation de la Haute Horlogerie.

Printed in Switzerland

Tous droits réservés pour tous pays. Aucune partie de ce livre ne peut être reproduite sous quelque forme que ce soit, électronique, enregistrement ou par tout autre mode de mémorisation de l'information ou de système d'acquisition, sans permission écrite de la Fondation de la Haute Horlogerie.

Imprimé en Suisse

Dépôt légal : novembre 2013

Cover
Planetary clock, François Ducommun,
La Chaux-de-Fonds, 1830.
MUSÉE INTERNATIONAL D'HORLOGERIE,
LA CHAUX-DE-FONDS, SWITZERLAND

Couverture
Pendule à planétaire, François Ducommun,
La Chaux-de-Fonds, 1830.
MUSÉE INTERNATIONAL D'HORLOGERIE,
LA CHAUX-DE-FONDS, SUISSE

Contents	
Foreword / Fabienne Lupo	4
Introduction	8
Origins	10
The Earth	18
The Moon	32
The Sun	40
The Universe	50
Glossary	74
Mission Statement	87
Acknowledgements	88

Sommaire	
Éditorial / Fabienne Lupo	6
Introduction	8
Les Origines	10
La Terre	18
La Lune	32
Le Soleil	40
L'Univers	50
Glossaire	74
Mission de la FHH	87
Remerciements	88

Foreword

Reaching to the stars

Who among us, on a fine summer's evening, has never gazed up in awe at the ethereal, never-ending expanse of the sky with its scattered confetti of stars and constellations?

We find ourselves dreaming, letting our thoughts wander off to distant, improbable worlds; we see ourselves as the creators of a poetic universe summoned at will with a magic wand – a magic wand that we would no doubt be quite happy to ascribe to the mysteries of the cosmos. The scientific world has for centuries sought to pierce the mysteries of the universe for us, to establish laws of physics that can allow us to understand the organisation of a system that in theory seems so obvious and is in actual fact so infinitely complex.

Astronomy has provided all the major advances in this domain. This is the discipline that enabled scientists such as Copernicus, Kepler and Galileo to establish the working principles of our solar system. Geniuses like Einstein, whose theory of relativity opened up a whole new cosmology, or Max Planck, considered as the father of quantum mechanics, have allowed us to fathom the full implications of the "data" concerning the universe to which they have given us access.

And yet, far from these abstruse equations, the layman continues to dream, gently rocked by the cycles of time that set the rhythm for his everyday existence: the passage from daylight to night-time, the changes of the seasons, the tides and the phases of the moon. Like his ancestors before him,

contemporary man gives free range to his imagination, but always within the bounds of a carefully measured framework. And it is precisely this "framework" that watchmakers have constantly sought to master, equipping their timepieces with astronomical functions that have developed progressively over the centuries.

Their timepieces have all paid tribute to astronomy, the guiding light at the heart of our perception of the world around us, from the very first astrolabes to today's perpetual calendar watches, which may also be equipped with countless, more complex functions such as sidereal time indication, a chart of the heavenly bodies, or even a mechanism for anticipating lunar and solar eclipses – without forgetting the times of sunrise and sunset, the position of the stars as seen from the Earth, or a display of all the pertinent details for each day. The constant efforts made to provide our existence with a "sequence" are illustrated for you today through this book and the exhibition "Horology, a child of astronomy", which show just to what extent every second that we live, forms part of a universe that dwarfs us, but which is nonetheless recorded on our wrists in all its implacable reality.

Fabienne Lupo
CHAIRWOMAN AND MANAGING DIRECTOR,
FONDATION DE LA HAUTE HORLOGERIE

Éditorial

La tête dans les étoiles

Qui n'a pas contemplé, par un beau soir d'été, l'espace infini d'un ciel éthéré constellé d'étoiles ? On se prend à rêver ; on laisse filer son esprit vers des univers improbables ; on se voit comme le démiurge d'un monde poétique organisé d'un coup de baguette magique. Or cette baguette magique fait assurément partie des mystères de l'Univers. Des mystères que le monde scientifique s'est acharné depuis des siècles à percer pour établir des lois physiques permettant de comprendre une telle organisation *a priori* évidente et pourtant tellement complexe.

L'astronomie fait incontestablement partie des avancées majeures dans ce domaine. Des savants comme Copernic, Kepler et Galilée ont ainsi permis d'établir les principes de notre système solaire. Des génies comme Einstein, dont la théorie de la relativité générale propose une nouvelle cosmologie, ou Max Planck, considéré comme le père de la mécanique quantique, nous ont fait comprendre toute la profondeur des « données » de l'Univers.

Et pourtant, loin de ces équations absconses, le profane continue de rêver, bercé par ces alternances temporelles qui rythment son quotidien : alternance des jours et des nuits, des saisons, des phases de Lune, des marées…

Comme ses ancêtres, l'homme moderne laisse libre cours à son imagination pour autant qu'elle s'inscrive dans un cadre mesuré. Or c'est précisément cet « encadrement »

que les horlogers se sont ingéniés à maîtriser, dotant leurs garde-temps de fonctions astronomiques qui ont traversé les siècles.

Des premiers astrolabes à nos quantièmes perpétuels, également dotés pour les plus complexes du temps sidéral, d'une carte de la voûte céleste ou encore d'un système de prévision des éclipses lunaires et solaires, sans oublier les heures de lever et de coucher du Soleil, de la position des astres vus de la Terre ou l'affichage des éphémérides, ces garde-temps rendent tous hommage à l'astronomie, mère de notre perception du monde. Les efforts réalisés pour le « séquencer » vous sont aujourd'hui proposés avec cet ouvrage et l'exposition « L'horlogerie, fille de l'astronomie »,

qui montrent à quel point la seconde que l'on vit s'inscrit dans un univers qui nous dépasse et qui, pourtant, s'inscrit au poignet dans son inéluctable réalité.

Fabienne Lupo
PRÉSIDENTE, DIRECTRICE GÉNÉRALE
DE LA FONDATION DE LA HAUTE HORLOGERIE

Introduction

Astronomy, from the Ancient Greek ἀστρονομία [astronomia, the law of the stars], is the scientific study of the stars. It seeks to explain their origin, evolution, physical and chemical properties.

Horology, from the Ancient Greek ὡρολόγιον [horologion, a device for keeping time], is the art, science, industry and trade of all instruments that measure time.

Introduction

L'astronomie, du grec ancien ἀστρονομία [astronomia, la loi des astres], est la science de l'observation des astres. Elle cherche à expliquer leur origine, leur évolution, ainsi que leurs propriétés physiques et chimiques.

L'horlogerie, du grec ancien ὡρολόγιον [horologion, qui indique l'heure], est l'art, la science, l'industrie, le commerce de l'ensemble des instruments propres à mesurer le temps.

Origins

Les Origines

When Man appeared on Earth, he had no concept of time. His observations would lead him to lay the first stones in the history of time measurement.

Quand l'Homme est apparu sur Terre, il n'avait aucune notion du temps. Ses observations l'ont conduit à poser les premières pierres de l'histoire de la mesure du temps.

Origins

- Formation of the universe: 13.7 billion years
- Formation of the solar system: 4.5 billion years
- First bacterial cell with DNA: 3.5 billion years
- Homo sapiens: 200,000 years

Primitive Man rapidly became aware of time, though not in our modern-day sense of a succession of hours. Instead it was the alternating of day and night, the changing position of the Sun and Moon, and the natural rhythm of the seasons that aroused our ancestors' curiosity. Already, as cave paintings and marks inscribed on bones and fragments of pottery suggest, a rudimentary calendar was taking shape.

Arrangements of megalithic standing stones appeared circa 5000 BC on every continent, witness to Man's early attempts to track the passage of the Sun or Moon.

Les Origines

- Formation de l'Univers : 13,7 milliards d'années
- Formation du système solaire : 4,5 milliards d'années
- Première cellule bactérienne munie d'ADN : 3,5 milliards d'années
- Apparition de l'Homo sapiens : 200 000 ans

Très tôt, l'Homme primitif a pris conscience de la notion du temps. Mais certainement pas comme on la comprend aujourd'hui, basée sur l'écoulement des heures. Non, ce sont les alternances du jour et de la nuit et les cycles des saisons qui ont d'abord éveillé sa curiosité, tout comme la course du Soleil et de la Lune. À cette époque déjà, comme le suggèrent des os gravés, des fragments de poterie ou des peintures rupestres, on voit apparaître des formes embryonnaires de calendrier. Le mégalithisme, caractérisé par ses monuments de pierres alignées, voit le jour vers 5000 av. J.-C.

Opposite - Newgrange Tumulus, Ireland, built circa 3200 BC The Sun lights up the burial chamber located at the end of a long covered passageway at the time of the annual winter solstice

Page opposée - Tumulus de Newgrange, Irlande, construit vers 3200 av. J.-C. Chaque année, lors du solstice d'hiver, le Soleil illumine la chambre mortuaire située au fond d'un long couloir couvert

The Goseck circle in Germany and Stonehenge in England are excellent examples of these early astronomical observatories. Some indicate the winter solstice, when the days grow longer and work must begin again in the fields to grow food for the community. Others show the summer solstice and with it the beginning of harvest. Some archaeologists believe these megaliths were aligned in such a way as to follow the Moon throughout its cycle (the Metonic cycle of 19 years) and to follow the movement of the Sun over the course of the year. Comparing the two became a means of predicting solar eclipses.

Similarly, the Nebra sky disc, a bronze disc discovered in Germany and dated circa 1600 BC, is believed to have been used to observe the Pleiades, a cluster of stars whose position told farmers in the northern hemisphere when to sow and harvest crops.

The appearance of writing in Mesopotamia and Egypt in the fourth millennium BC opened the door to important progress. Henceforth, observations, calculations and forecasts revealed time as an ongoing process. The desire to master this space-time environment led to the first calendars of Antiquity. They were based on the apparent cyclical movement of the brightest celestial bodies visible to Man: the Sun and the Moon. From simply observing, Man was now capable of forecasting.

sur tous les continents. Il s'agit là des premiers observatoires astronomiques basés sur des techniques de visée du Soleil ou de la Lune. Le cercle de Goseck, en Allemagne, ou celui de Stonehenge, en Angleterre, en sont d'excellents exemples. Certains d'entre eux indiquent la date du solstice d'hiver. C'est à ce moment que les jours commencent à s'allonger, synonyme de reprise des travaux agricoles, essentiels à la survie des populations. D'autres marquent la date du solstice d'été, annonciatrice de la période des récoltes. Pour certains archéologues, la disposition de quelques-uns de ces mégalithes permettait de suivre le cycle de la Lune, soit une durée de 19 ans, et celui du Soleil au cours de l'année. Le croisement de ces informations permet de prévoir les éclipses solaires.

Dans ce même esprit, le disque en bronze de Nebra découvert en Allemagne, daté de 1600 av. J.-C., semble avoir servi à l'observation des Pléiades. L'évolution de cette constellation rythmait le cycle des récoltes pour de nombreux agriculteurs de l'hémisphère Nord.

L'écriture, apparue au 4e millénaire avant notre ère en Mésopotamie et en Égypte, est synonyme de grands progrès. Observations, calculs et prévisions intègrent désormais la notion du temps dans une perspective évolutive. De cette envie de maîtriser un environnement spatio-temporel sont nés les premiers calendriers dans les civilisations de l'Antiquité. Ils étaient basés sur les mouvements cycliques apparents des corps célestes les plus lumineux pour l'Homme : le Soleil et la Lune. Dès lors, l'observation se mue en prévision.

Nebra Sky Disc

Dated circa 1600 BC and named after the part of Germany near where it was found in 1999, the Nebra sky disc is the oldest known depiction of the sky.

32 heavenly bodies, including the Sun, a crescent Moon and the Pleiades constellation, are represented in gold on the bronze disc, which has a diameter of 32 centimetres.

Possibly the disc shows the sky as it would be seen above Germany and more specifically from the latitude of the place where it was found.

Scientists believe it was used to predict summer and winter solstices, important dates for a farming community. From prehistory to the present day, many farmers in the northern hemisphere have referred to the Pleiades to prepare for sowing and harvest.

Disque de Nebra

Daté de 1600 environ avant J.-C., le disque de Nebra, du nom de la localité allemande voisine du lieu où il a été découvert en 1999, serait la plus ancienne représentation de la voûte céleste retrouvée à ce jour.

Quelque 32 corps célestes en feuilles d'or dont le Soleil, la Lune sous forme de croissants et la constellation des Pléiades sont représentés sur cet objet en bronze d'un diamètre de 32 centimètres.

Il pourrait s'agir d'une reproduction du ciel pour un observateur situé en Allemagne et plus précisément à la latitude du lieu de la découverte de ce disque.

Selon les scientifiques, il permet notamment de prévoir les solstices d'été et d'hiver, dates clés pour le monde agricole. Par ailleurs, de la préhistoire à nos jours, la présence dans le ciel des Pléiades marque le cycle des récoltes pour beaucoup d'agriculteurs de l'hémisphère Nord.

LANDESMUSEUM FÜR VORGESCHICHTE, HALLE/SAALE, GERMANY.
LANDESMUSEUM FÜR VORGESCHICHTE, HALLE/SAALE, ALLEMAGNE.

Antikythera Mechanism

Dating from the second half of the second century BC (between 150 and 100 BC), the Antikythera Mechanism, the oldest surviving geared machine in the world, was discovered at the beginning of the twentieth century. A recent study of the piece has revealed that it was used to perform astronomical and calendar-related calculations. Its main functions were to represent or to calculate:

- the Cosmos as conceived by the ancient Greeks, consisting of five planets (Mercury, Venus, Mars, Jupiter and Saturn) together with the Moon, all orbiting around the Earth

- the Greek Zodiac, made up of twelve signs named after the corresponding constellations in the skies about 2,000 years ago, i.e. Aries, Taurus, Gemini, Cancer, Leo, Virgo, Claws (later renamed Libra), Scorpio, Sagittarius, Capricorn, Aquarius and Pisces

- the Egyptian solar calendar, the first known solar calendar in history, the three seasons of which were defined by the periods when the Nile overflowed its banks. This calendar was adopted by the astronomers of the Hellenistic era, which explains its presence in the mechanism

- a parapegma, the precursor to a modern-day almanac, is a calendar that links the rising and setting of the stars to their positions in the Zodiac

- four lunisolar calendars (Metonic and Callippic, Saros and Exeligmos) used to predict eclipses

- the Panhellenic calendar, showing six major sacred festivals that were held as part of a four-year cycle known as an Olympiad.

Equipped with at least thirty-two serrated wheels and adorned with over two thousand engraved letters constituting both an astronomical treatise and an operating manual for the device, this complex mechanism is still being analysed today and has not yet revealed all of its secrets.

Mécanisme d'Anticythère

Daté de la seconde moitié du IIe siècle avant J.-C. (entre l'an 150 et l'an 100 av. J.-C.), le mécanisme d'Anticythère, la plus ancienne machine à engrenages conservée au monde, fut découvert au début du XXe siècle. Selon des analyses récentes, il servait à effectuer des calculs astronomiques et calendaires. Ses principales fonctions étaient de représenter ou de calculer :

- le cosmos tel que le concevaient les Grecs anciens, constitué de cinq planètes (Mercure, Vénus, Mars, Jupiter et Saturne) et de la Lune, qui toutes tournaient en orbite autour de la Terre ;

- le zodiaque grec, composé des 12 symboles nommés d'après les constellations présentes dans le ciel il y a environ 2000 ans : Bélier, Taureau, Gémeaux, Cancer, Lion, Vierge, Serres (ensuite renommée Balance), Scorpion, Sagittaire, Capricorne, Verseau et Poissons ;

- le calendrier solaire égyptien, premier calendrier solaire connu dans l'histoire, dont les trois saisons étaient définies par les périodes de crue du Nil. Il fut adopté par les astronomes de l'ère hellénistique, ce qui explique sa présence dans le mécanisme ;

- un parapegma, ancêtre de l'almanach moderne ; il s'agissait d'un calendrier qui reliait le lever et le coucher des étoiles à leur position dans le zodiaque ;

- quatre calendriers luni-solaires (cycles callipique et métonique, cycles du Saros et de l'Exeligmos) qui étaient utilisés pour prédire les éclipses ;

- le calendrier panhellénique, qui indiquait les six festivals sacrés majeurs qui se tenaient dans le cadre d'un cycle de quatre années appelé « Olympiade ».

Équipé d'au moins 32 roues dentées et gravé de plus de 2000 lettres constituant à la fois un traité astronomique et un guide d'utilisation de l'appareil, ce mécanisme complexe qui fait encore aujourd'hui l'objet d'analyses, n'a pas révélé tous ses secrets.

Main discovered fragment
of the Antikythera mechanism.
NATIONAL ARCHAEOLOGICAL
MUSEUM, ATHENS (GREECE)

Principal fragment retrouvé
du mécanisme d'Anticythère.
NATIONAL ARCHAEOLOGICAL
MUSEUM, ATHENS (GRÈCE)

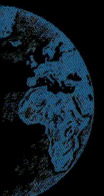

The Earth

For every civilisation, the alternation of daylight and dark caused by the Earth's rotation on its axis appears to have been the basic unit for tracking time.

La Terre

Dans toutes les civilisations, l'alternance du jour et de la nuit due à la rotation de la Terre sur elle-même semble avoir été l'unité fondamentale de la mesure du temps.

The Earth

By drafting calendars, Man was able to set fixed reference points in time, and anticipate when to harvest and when to hunt. The basis for these calendars were the lunar and solar cycles, both easily observed from Earth. The Ancient Romans, for example, based their early calendars on the lunar cycle. Occasional adjustments were required to bring these calendars back into line with the seasons. The pontifices (priests) appointed to make these corrections did so with their personal interests uppermost, to the extent that ultimately the entire calendar had to be revised. Lunar under Romulus, the calendar became lunisolar under Caesar, when it took the name of Julian calendar. It too required various adjustments over the centuries, and in 1582 was reformed again under Pope Gregory XIII. This Gregorian calendar is today used in business the world over.

La Terre

Pour être en mesure de fixer des repères temporels et historiques comme de prévoir les périodes de récolte et de chasse, l'Homme a élaboré des calendriers. Ceux-ci se référaient à des phénomènes facilement observables depuis la Terre : les cycles lunaires ou solaires. Les calendriers romains de l'Antiquité, par exemple, étaient lunaires. L'imprécision de leurs calculs nécessitait toutefois des corrections régulières pour coïncider avec les saisons. Corrections dont les pontifes chargés de les appliquer ont tellement abusé à des fins personnelles que le calendrier en vigueur a finalement connu une refonte complète. Lunaire sous Romulus, il devient luni-solaire sous César. Il prend alors l'appellation de « julien ». Nécessitant lui-même de nouveaux ajustements au cours des siècles, il sera à nouveau revu par le pape Grégoire XIII. En 1582, il donne naissance au calendrier grégorien, dont l'emploi dans le monde des affaires est quasi universel aujourd'hui.

Opposite - Terrestrial Globe
Usage des globes céleste et terrestre et des sphères suivant les différents systèmes du monde, published by Nicolas Bion, scientific instrument-maker, Paris, 1703

Page opposée - Globe terrestre
Usage des globes céleste et terrestre et des sphères suivant les différents systèmes du monde, Nicolas Bion, ingénieur, Paris, 1703

LIVRE II.
DE LA
GEOGRAPHIE

PREMIERE PARTIE.
Application de la Sphere à la Geographie.

CHAPITRE I.
De la Geographie en general, & de ses differentes divisions & définitions.

L E Globe Terrestre est composé de la terre & de l'eau. La science qui se rapporte à la Terre, est appellée Geographie, c'est-à-dire, Description de la Terre, & la science qui a l'Eau pour objet, est nommée Hydrographie, qui veut dire, Description de l'Eau. Neanmoins sous le nom de Geographie, on comprend l'une & l'autre Description de la Terre & de l'Eau, à cause de l'union que ces deux corps ont ensemble, ne faisant qu'un même Globe dont la Terre fait la plus considerable partie.

GLOBE TERESTRE

So as to position himself on the globe, Man devised a system of geographical coordinates: latitude and longitude.

Latitude
A geographic coordinate whose equivalent on the celestial sphere is declination. Latitude is defined as the angle formed by the equatorial plane, the centre of the Earth and a given point on the globe. Measured from 0 to 90°, a system of latitude was introduced in Antiquity.

Longitude
A geographic coordinate whose equivalent on the celestial sphere is the right ascension. Longitude is defined as the angle formed by the meridian of a given location, the centre of the Earth and the prime meridian, which is now Greenwich. It is measured from -180° to +180°.

During the great expeditions on land and sea, plotting a position in longitude and latitude was vital if navigators and explorers were to safely reach their destination. The best way to calculate longitude was to always know the time at the point of departure and then compare it with local solar time.

This meant travelling with a chronometer that could be relied on in all weathers and conditions. Competitions were held throughout Europe to measure the time at sea; the most important of these was administered by the British Board of Longitude. The winner, in 1761, was John Harrison and his H4 marine chronometer. His timekeeper owed its existence to centuries of research in horology. During

Pour se situer sur le globe terrestre, l'Homme a élaboré un système de coordonnées géographiques : la latitude et la longitude.

Latitude
Coordonnée géographique terrestre qui, sur la sphère céleste, se nomme « déclinaison ». Elle se définit par un angle formé avec le plan de l'équateur, le centre de la Terre et la position d'un point sur le globe. Sa mesure allant de 0 à 90° est connue depuis l'Antiquité.

Longitude
Coordonnée géographique terrestre qui, sur la sphère céleste, se nomme « ascension droite ». Elle se définit par un angle formé avec le méridien d'un lieu donné, le centre de la Terre et un méridien d'origine qui aujourd'hui est celui de Greenwich. Sa mesure s'étend de – 180 à + 180°.

Lors des grandes expéditions maritimes ou terrestres, le calcul de la position géographique en termes de latitude et longitude était vital pour les navigateurs et explorateurs afin de les mener à bon port. La méthode la plus appropriée pour calculer la longitude était d'avoir à disposition tout au long du voyage l'heure exacte du point de départ afin de la comparer à l'heure solaire locale.

Ainsi, un chronomètre fiable, quelles que soient les conditions météorologiques ambiantes, se révélait indispensable. Dans le domaine maritime, des concours ont été organisés de par l'Europe pour résoudre ce problème. Celui de Londres, le plus important, fut remporté en 1761 par l'horloger anglais

"Railway" pocket watch. The case back is engraved by the railway company with the employee's identification number. Made by Universal Genève in the early 20th century.
COLLECTION DU MUSÉE D'HORLOGERIE DU LOCLE -
CHÂTEAU DES MONTS, LE LOCLE, SWITZERLAND

Montre de poche « de chemin de fer ».
Le fond du boîtier est gravé par la
compagnie de chemin de fer avec le numéro
d'identification de l'employé. Réalisée par
Universal Genève au début du XXe siècle.
COLLECTION DU MUSÉE D'HORLOGERIE DU LOCLE -
CHÂTEAU DES MONTS, LE LOCLE, SUISSE

UNIVERSAL TIME

With the development of the railway in the West in the nineteenth century, the local meridian was no longer a reliable reference. The extent of railroads east to west together with the multitude of railway companies led to the standardisation of time. First conceived by the United States for this universal time standard own use, it became effective at the global level in 1884. The Earth was divided into twenty-four time zones, each corresponding to one hour, counted from the Greenwhich meridian which became the "zero" or prime meridian.

It was thus common for railway stations to be equipped with three dials, with the first displaying the time of the local meridian (true solar time), the second the official time (time in the capital) and the third displaying the time of the railway company's headquarters (on which train schedules were based).

LES HEURES UNIVERSELLES

Avec l'essor des chemins de fer en Occident au XIXe siècle, l'utilisation du méridien local comme référent devient inappropriée. L'étendue d'est en ouest des différents réseaux et la diversité des compagnies ferroviaires conduisent à une universalisation de l'heure. D'abord imaginée par les États-Unis pour leur propre usage, elle devient effective à l'échelon mondial en 1884. La Terre est alors divisée en 24 fuseaux correspondant chacun à une heure, celle-ci étant décomptée à partir du méridien de Greenwich, également appelé « méridien zéro ».

Il était ainsi courant que les gares soient dotées de trois cadrans, le premier affichant l'heure du méridien local (heure solaire vraie), le deuxième l'heure légale (heure de la capitale) et le troisième l'heure du siège de la compagnie de chemin de fer (base des horaires des trains).

the Renaissance, a watch could only measure the hours with anything approaching precision. Following the invention, by Huygens in 1675, of the balance and spring, the minute hand was added, and later the seconds hand. The notion of the second as a unit of time is credited to the Swiss astronomer and horologist Jost Bürgi: a clock of his making shows hours, minutes and seconds on three dials. Such an instrument was essential for noting the exact time a star crossed the sights of a telescope. Thanks to this variable of time, it became possible to calculate the right ascension (longitude) of the star in question, expressed either in degrees, minutes and seconds, or in decimal degrees using a correlation chart. In this respect, horology can indeed be considered a child of astronomy.

Before Greenwich was designated prime meridian at the International Meridian Conference, held in Washington in 1884, the local meridian served as a reference. This explains the existence of pocket watches whose multiple dials indicate different local times. While such a system was largely sufficient when transport was by horse-drawn vehicle, the advent of the railroad with the Industrial Revolution dramatically increased the distance that could be covered in one day. That cities along a single route should have different local times was no longer practical. This was especially true of countries such as the United States, Canada and Russia whose territory stretches thousands of miles east to west. The solution came in 1884 when the Earth was divided into 24 time zones, each corresponding to one hour.

John Harrison grâce à son chronomètre de bord dénommé « H4 ». Ce garde-temps est l'aboutissement d'une longue recherche de la part des horlogers qui aura duré plusieurs siècles. En effet, au cours de la Renaissance, la précision de la montre ne permettait que l'indication de l'heure. L'invention du balancier-spiral par Huygens en 1675 a ensuite permis de doter les garde-temps d'une aiguille des minutes, puis des secondes. La notion de seconde en tant qu'unité de mesure du temps est attribuée à Jost Bürgi, horloger astronome suisse. On lui doit une horloge dotée de trois cadrans indiquant les heures, les minutes et les secondes. Cet instrument de mesure du temps lui était indispensable pour noter l'heure précise du passage d'un astre à l'aplomb de l'instrument de visée. Cette variable temps permettait ensuite de déterminer l'ascension droite (longitude) de la position de l'astre en question, exprimée soit en heures, minutes et secondes, soit en degrés grâce à une table de corrélation. À ce titre, l'horlogerie peut donc bien être considérée comme fille de l'astronomie.

Avant que le méridien de Greenwich ne soit désigné comme méridien international d'origine par la convention de Washington en 1884, il était toutefois d'usage d'utiliser le méridien local comme référence. Ce qui explique l'existence de montres de poche indiquant sur de multiples cadrans plusieurs heures locales différentes. Si cette pratique était valable lorsque la vitesse des transports était calquée sur les voitures hippomobiles, avec l'apparition du chemin de fer à l'époque de la Révolution industrielle, tout a changé. Les distances parcourues en une journée s'accroissent à tel point qu'il n'est plus possible d'avoir des heures locales différentes

Now that time was the subject of a universally accepted convention, watchmakers adapted their production accordingly. First on pocket watches, then on wristwatches, dials were divided into 24 sectors, each corresponding to a major world city. Over recent years, watchmakers have even imagined a three-dimensional representation of the time zones in the form of a globe.

dans les villes traversées par un même réseau de chemin de fer. Cette remarque est spécialement vraie pour des pays comme les USA, le Canada ou la Russie dont les territoires sont spécialement étendus d'est en ouest. C'est pour cette raison que la notion de fuseau horaire a été instaurée en 1884. À cette date la Terre a été découpée en 24 fuseaux horaires, chacun d'eux correspondant à une heure.

Le temps faisant désormais l'objet d'une convention universellement partagée, les horlogers adaptent la montre à cette nouvelle norme. Sur les modèles de poche d'abord, bracelets ensuite, les cadrans sont divisés en 24 secteurs. Chacun d'entre eux porte le nom d'une ville emblématique. Ces dernières années, la créativité des horlogers a débouché sur un affichage tridimensionnel avec un globe terrestre affichant cette fonction.

Minute repeater pocket watch with perpetual calendar, Cartier London, circa 1925.
COLLECTION CARTIER

Montre de poche à répétition minutes et quantième perpétuel, Cartier Londres, vers 1925.
COLLECTION CARTIER

Wristwatch with date aperture,
Piaget, 1970.
PATRIMOINE PIAGET

**Montre-bracelet à quantième par guichet,
Piaget, 1970.**
PATRIMOINE PIAGET

Pocket watch showing local time in 72 world cities, Auguste Mathey, New York, before 1884.
MUSÉE INTERNATIONAL D'HORLOGERIE, LA CHAUX-DE-FONDS, SWITZERLAND

Montre de poche à affichage des heures locales de 72 villes du monde, Auguste Mathey, New York, avant 1884.
MUSÉE INTERNATIONAL D'HORLOGERIE, LA CHAUX-DE-FONDS, SUISSE

28 | 29 The Earth - La Terre

Left - Platinum Masterpiece wristwatch with date and flying tourbillon, Blancpain, 1991.
COLLECTION DU MUSÉE D'HORLOGERIE DU LOCLE - CHÂTEAU DES MONTS, LE LOCLE, SWITZERLAND

Right - Wristwatch with day and date, Jaeger-LeCoultre, 1939.
PATRIMOINE JAEGER-LECOULTRE

Gauche - Montre-bracelet Platinium Masterpiece à quantième et tourbillon volant, Blancpain, 1991.
COLLECTION DU MUSÉE D'HORLOGERIE DU LOCLE - CHÂTEAU DES MONTS, LE LOCLE, SUISSE

Droite - Montre-bracelet à quantième et jour de la semaine, Jaeger-LeCoultre, 1939.
PATRIMOINE JAEGER-LECOULTRE

Geoscope GMT worldtimer wristwatch,
Edox, Biel/Bienne (Switzerland),
circa 1970.
COLLECTION DU MUSÉE D'HORLOGERIE
DU LOCLE - CHÂTEAU DES MONTS,
LE LOCLE, SWITZERLAND

**Montre-bracelet GMT, Geoscope, Edox,
Bienne (Suisse), vers 1970.**
COLLECTION DU MUSÉE D'HORLOGERIE
DU LOCLE - CHÂTEAU DES MONTS,
LE LOCLE, SUISSE

Marine chronometer, Henry Hiatt,
Liverpool, mid-19th c.
MUSÉE INTERNATIONAL D'HORLOGERIE,
LA CHAUX-DE-FONDS, SWITZERLAND

**Chronomètre de marine, Henry Hiatt,
Liverpool, milieu du XIXe siècle**
MUSÉE INTERNATIONAL D'HORLOGERIE,
LA CHAUX-DE-FONDS, SUISSE

The Moon

Easy to observe, moon phases provided early Man with a way of measuring time and developing calendars.

La Lune

Simples à observer, les phases de Lune ont très tôt fourni à l'Homme un moyen de mesurer le temps et d'élaborer des calendriers.

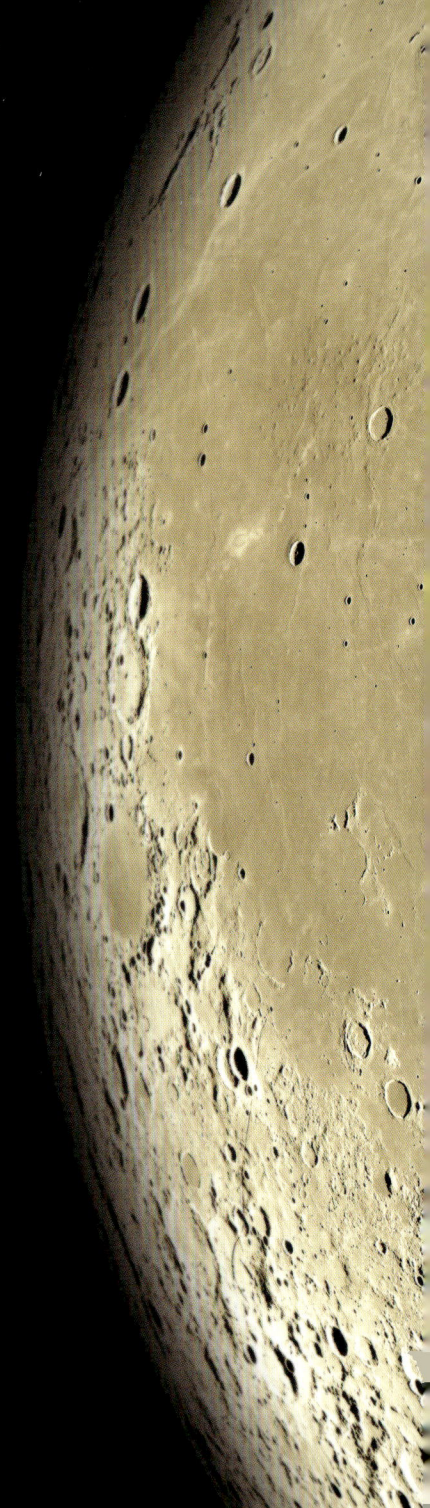

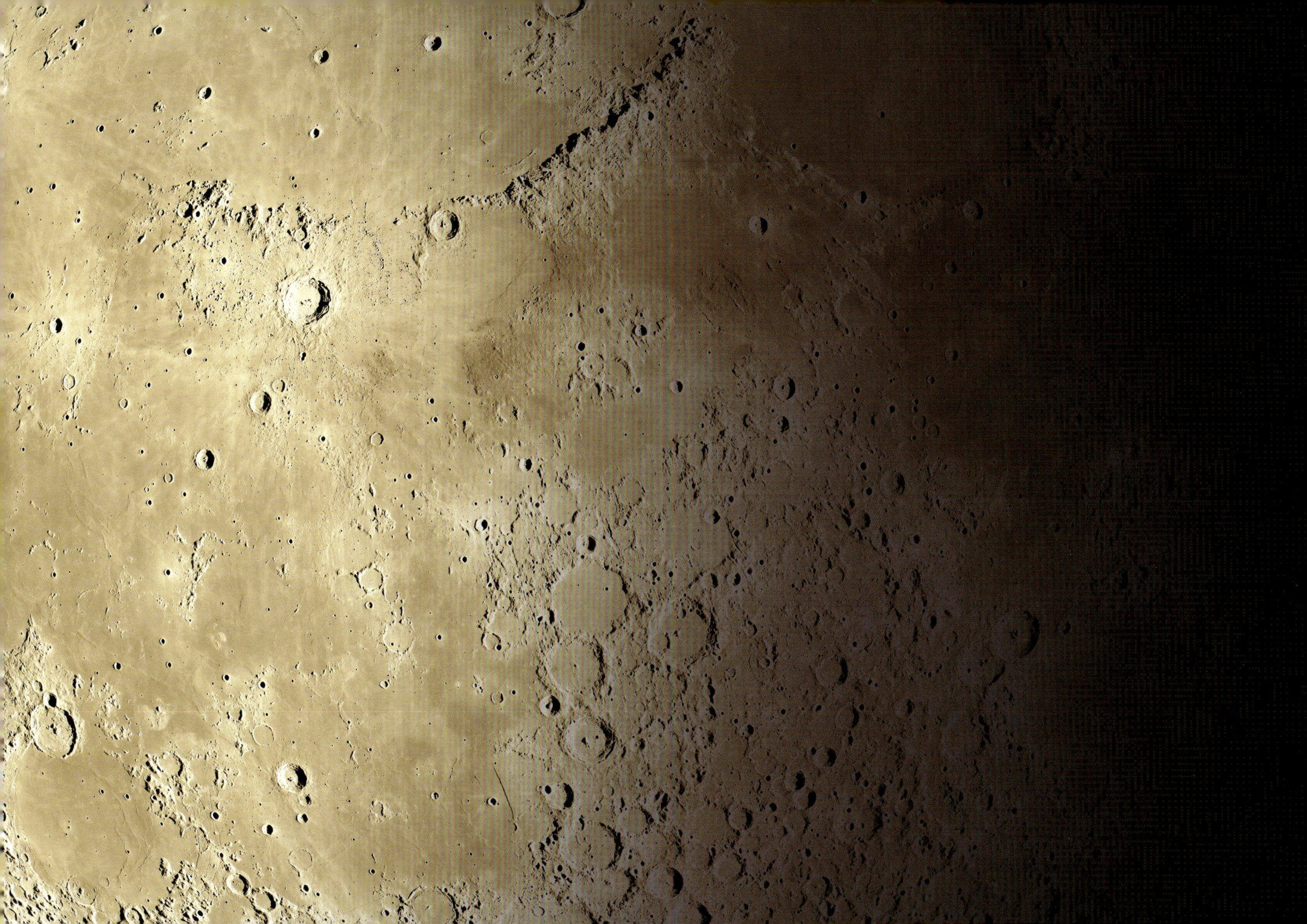

The Moon

The phases of the Moon gave Man an easily observable means to measure time. The lunar cycle of approximately 29½ days defined the twelve months of the year. Indeed, the English word *month* derives from *moon* just as the German *Monat* derives from *Mond*.

A recent convert to Christianity, the Roman Emperor Constantine imposed the seven-day week to which we are now accustomed in observance of Christian religious texts. Until then there had been nine and even ten days in the week. Note that this seven-day interval corresponds to each of the four phases in the lunar cycle: new Moon, first quarter, full Moon, last quarter.

While the observation of the moon phases dictated the length of the month and the week for Christians, but not the year, it governs the entire Islamic calendar which begins

La Lune

Les phases de la Lune, simples à observer, ont fourni à l'Homme un moyen de mesurer le temps. Leurs cycles, d'une durée approximative de 29 jours et demi, ont permis de définir les 12 mois de l'année. Cette filiation est d'ailleurs facilement identifiable dans les langues anglaise et allemande, où *moon* (Lune) donne son nom à *month* (mois) et *Mond* à *Monat*.

Si une semaine comporte aujourd'hui 7 jours, il n'en a pas toujours été de même au cours des siècles. C'est en 321 que l'empereur romain Constantin, fraîchement converti au catholicisme, impose une semaine de 7 jours, en conformité avec les textes religieux chrétiens. Avant cette décision, la semaine comportait 9 voire 10 jours. Il est à noter que ce laps de temps de 7 jours correspond à la durée de chacune des quatre phases du cycle lunaire : nouvelle Lune, premier quartier, pleine Lune, dernier quartier.

Opposite - Moon Phases
Atlas élémentaire simplifié, published by J. Andriveau-Goujon. Paris. 1838

Page opposée - Phases de la Lune
Atlas élémentaire simplifié, publié par J. Andriveau-Goujon. Paris. 1838

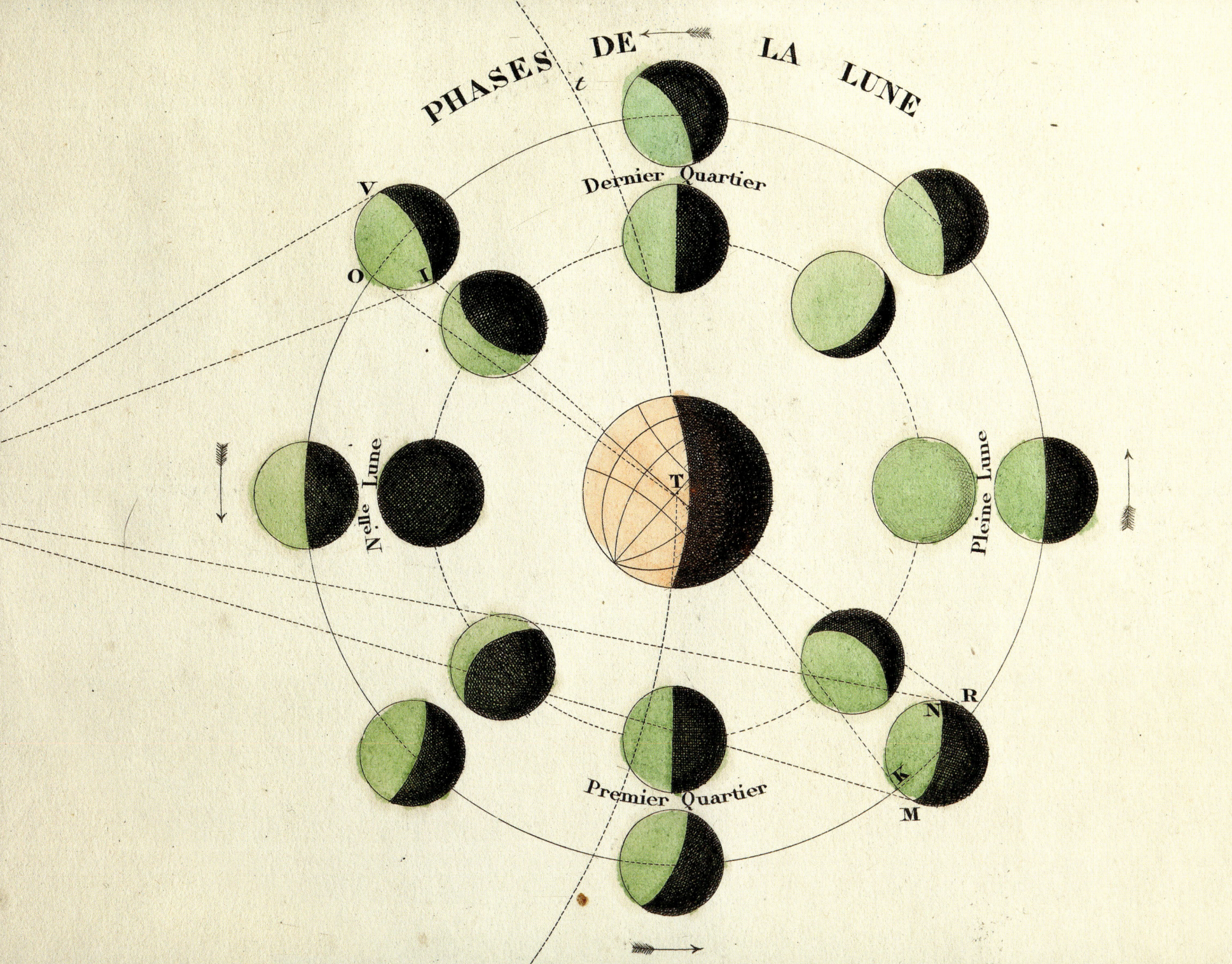

in 622, the year the Prophet Muhammad left Mecca for Medina, a journey known as Hijra. The Islamic calendar consists of 354 days or twelve lunations of 29½ days.

These 354 days also correspond to the traditional Chinese year, the first day of which is the second New Moon after the winter solstice. This calendar is still used in rural areas of China and for traditional religious celebrations.

While the Islamic perpetual calendar and the traditional Chinese calendar are rarely transcribed into clocks and watches, other complications such as the phase and age of the Moon are more common, and have been since the Renaissance.

Chez les chrétiens, l'observation des phases de la Lune a dicté la durée du mois et de la semaine, sans pour autant définir la longueur de l'année. En ce qui concerne les musulmans, elle est à la base de leur calendrier complet. Celui-ci commence en l'an 622, date du voyage ou « Égire » du prophète Mahomet de la Mecque pour Médine et comporte 354 jours, soit exactement 12 lunaisons de 29,5 jours.

Cette durée de 354 jours est également celle du calendrier traditionnel chinois : le premier jour de l'année est déterminé par la deuxième nouvelle Lune apparaissant après le solstice d'hiver. Ce calendrier est encore utilisé par les paysans du pays et pour les festivités religieuses traditionnelles.

Si le calendrier perpétuel musulman ou le calendrier traditionnel chinois sont exceptionnels dans l'horlogerie, d'autres complications telles que les phases ou l'âge de la Lune se révèlent plus répandues et ce, depuis la Renaissance.

WATCHES WITH MOON PHASES

Shown as 29 or 29.5 days on conventional dials, the actual duration of the Moon's revolution around the Earth is 29 days, 12 hours, 44 minutes and 2.8 seconds. This difference adds up to a whole day every 3 years, requiring manual adjustment of the Moon display mechanism. On the most accurate models the correction is only needed every 122 years and 46 days. For some exceptional models the period may be extended to more than 1000 years.

What is the age of the Moon? While from an astronomical point of view the Moon is 4.7 billion years old, in watches the age of the Moon refers to the number of days since the New Moon, or between 0 and 29.5 days.

Moon rising or falling? Depending on the observer's position in the southern or northern hemisphere, the Moon is waxing or waning. Thus, the first quarter moon visible in Oslo is waxing, while in Cape Town it will be waning.

LES MONTRES À PHASES DE LUNE

Indiquée sur 29 voire 29 jours et demi sur les cadrans classiques, la durée réelle de la révolution de la Lune autour de la Terre dure 29 jours, 12 heures, 44 minutes et 2,8 secondes. Cet écart atteint un jour en 3 ans, ce qui nécessite une correction manuelle du mécanisme de l'affichage de la Lune. Cette correction pour les modèles les plus précis n'intervient que tous les 122 ans et 46 jours. Pour certains modèles d'exception, ce délai peut être porté à plus de 1000 ans.

Quel est l'âge de la Lune? *Si d'un point de vue astronomique la Lune est âgée de 4,7 milliards d'années environ, en horlogerie l'âge de la Lune correspond au nombre de jours écoulés depuis la nouvelle Lune, soit 1 à 29,5 jours.*

Lune montante ou lune descendante? *Selon la position d'un observateur dans l'hémisphère Nord ou dans l'hémisphère Sud, la Lune croît ou décroît. Ainsi, le premier quartier de Lune visible à Oslo est croissant, tandis qu'au Cap il sera décroissant.*

PHASES OF THE MOON / PHASES DE LA LUNE	NORTHERN HEMISPHERE / HÉMISPHÈRE NORD	SOUTHERN HEMISPHERE / HÉMISPHÈRE SUD	AGE OF THE MOON / ÂGE DE LA LUNE
New Moon / Nouvelle Lune			0 day / 0 jour
Waxing Crescent / Premier croissant			3 days / 3 jours
First Quarter / Premier quartier			7 days / 7 jours
Waxing Gibbous / Lune gibbeuse			11 days / 11 jours
Full Moon / Pleine Lune			15 days / 15 jours
Waning Gibbous / Lune gibbeuse			18 days / 18 jours
Last Quarter / Dernier quartier			22 days / 22 jours
Waning crescent / Dernier croissant			25 days / 25 jours
New Moon / Nouvelle Lune			29.5 days / 29,5 jours

Pocket watch with moon phases,
day and date in apertures,
Vacheron Constantin, 1929.
PATRIMOINE VACHERON CONSTANTIN

Montre de poche à phases de Lune,
quantième et jour par guichets,
Vacheron Constantin, 1929.
PATRIMOINE VACHERON CONSTANTIN

Left - Pocket watch with perpetual calendar, age and phases of the moon, Audemars Piguet, 20th c.
MUSÉE AUDEMARS PIGUET

Right - Reverso wristwatch with day/night indication, age and phases of the moon, Jaeger-LeCoultre, 2004.
PATRIMOINE JAEGER-LECOULTRE

Gauche - Montre-bracelet à phases et âge de la Lune, Audemars Piguet, XXe siècle.
MUSÉE AUDEMARS PIGUET

Droite - Montre-bracelet à indication jour/nuit, phases et âge de la Lune, Reverso, Jaeger-LeCoultre, 2004.
PATRIMOINE JAEGER-LECOULTRE

The Sun

Man was first able to measure the flow of time by using the Sun.

Le Soleil

C'est grâce au Soleil que l'Homme a pu réaliser les premières mesures de l'écoulement du temps.

The Sun

One full orbit of the Earth around the Sun defines the cycle of the seasons. Observing this pattern became especially important as agriculture developed in the Neolithic age. This relatively long period, which cannot be measured by any directly visible movement of the planets or stars, equals the tropical year from which the civil year is derived. The Sun provided Man with the earliest means to measure passing time using a gnomon, the ancestor of the sundial. For a long time, the sundial measured unequal hours. The addition of a style aligned with the Earth's rotational axis made it possible to divide the sundial into 12 equal hours. Depending on the season, solar time, also known as true time or sidereal time, is some fifteen minutes ahead of or behind mean time shown on clocks and watches. This discrepancy is caused by the elliptical orbit of the Earth around the Sun.

Le Soleil

La révolution complète de la Terre autour du Soleil marque le cycle des saisons. Son observation a pris de l'importance avec le développement de l'agriculture au néolithique. Période relativement longue, non rythmée par des phénomènes astronomiques visibles, elle constitue l'année tropique dont l'année civile est issue. C'est grâce au Soleil que l'Homme a pu réaliser les premières mesures du temps par l'intermédiaire du gnomon, ancêtre du cadran solaire. Longtemps, ce dernier a indiqué des heures inégales, jusqu'à ce qu'il soit doté d'un style parallèle à l'axe de la Terre permettant d'afficher 12 heures de durées équivalentes. Le temps solaire, appelé « heure vraie » ou « heure sidérale », diffère de plus ou moins 15 minutes selon les saisons du temps civil, soit l'heure moyenne indiquée par nos montres et horloges. Cet écart est dû à la trajectoire elliptique de la Terre autour du Soleil.

Opposite - Solar eclipses
Usage des globes céleste et terrestre et des sphères suivant les différents systèmes du monde, published by Nicolas Bion, scientific instrument-maker, Paris, 1703

Page opposée - Éclipses de Soleil
Usage des globes céleste et terrestre et des sphères suivant les différents systèmes du monde, Nicolas Bion, ingénieur, Paris, 1703

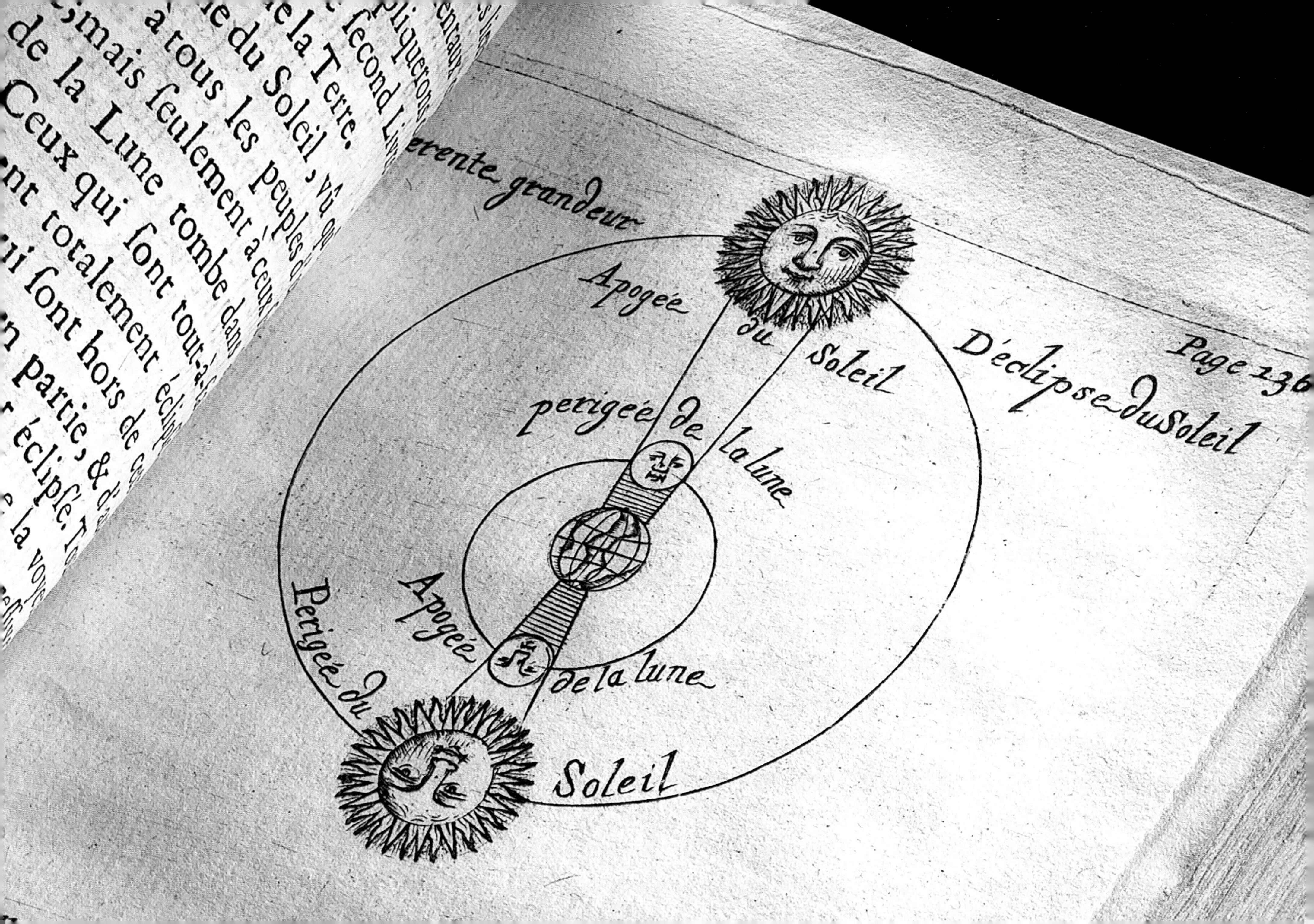

différente grandeur

Apogée ou Soleil

perigeé de la lune

D'eclipse du Soleil

Apogée de la lune

Perigeé du Soleil

As a result, the interval of time between two consecutive passages of the Sun above the meridian of a given location varies during the year, whereas the clock's mechanism consistently measures hours of exactly equal length whatever the time of year. This difference between true time and mean time is called the equation of time. To show the equation of time on a watch dial was important when community life was governed by the sundial's true time. Today, this complication is most of interest to amateur astronomers for whom true time remains the foremost reference.

Until the advent of artificial light, first gas then electric, work and travel were organised around the hours of daylight, hence why certain sundials, and later mechanical clocks, showed sunrise and sunset times. This complication is now a feature of watches for connoisseurs with an interest in astronomy.

De ce fait, l'intervalle de temps qui sépare deux passages consécutifs du Soleil au méridien d'un même lieu n'a pas la même longueur au cours de l'année. À l'inverse, la régularité du mécanisme de l'horloge permet d'indiquer des heures rigoureusement égales entre elles quel que soit le moment de l'année. Cet écart entre heure vraie et heure moyenne se nomme « équation du temps ». Son indication sur un cadran de montre a été d'actualité tant que la vie sociale était régie par le temps vrai, donné par les cadrans solaires. Aujourd'hui, cette complication est avant tout réservée aux passionnés d'astronomie, pour qui le temps vrai reste l'échelle de référence.

La durée d'ensoleillement journalière a été une donnée essentielle jusqu'à l'apparition des moyens d'éclairage artificiel au gaz puis à l'électricité. Le fait de connaître les heures de lever et coucher du Soleil permettait alors d'organiser sa journée de travail ou de voyage. Pour pouvoir en bénéficier, certains cadrans solaires, puis les pièces d'horlogerie mécanique, ont été dotés de cette fonction. De nos jours, cette complication figure sur des montres pour connaisseurs attirés par l'astronomie.

TELLING THE TIME WITH A SUNDIAL

The time on a sundial is indicated by the shadow of the style (or needle) which moves over a scale during the day. As for portable sundials, they need to be oriented towards the South, an operation facilitated by the presence of a compass.

The accuracy of Haute Époque watches was a chance affair, and they needed frequent time adjustments using a sundial and compass sometimes fitted into back of the case. The sundial was also used to reset the time of public clocks.

LIRE L'HEURE SUR UN CADRAN SOLAIRE

Sur un cadran solaire, l'heure est indiquée par l'ombre du style (ou aiguille), qui se déplace en regard d'une graduation au cours de la journée. Le cadran solaire portatif devant être utilisé face au sud, cette orientation est facilitée par la présence d'une boussole sur ce dernier.

La précision de la montre de Haute Époque étant aléatoire, sa fréquente remise à l'heure se faisait à l'aide d'un cadran solaire et d'une boussole parfois intégrés dans le fond de sa boîte. Le cadran solaire était également utilisé pour la remise à l'heure des horloges publiques.

Style
Style

On this sundial, the time is almost 2.30 p.m.
Sur ce cadran, il est près de 14h30

Compass
Boussole

Silver sundial signed Pierre LeMaire, Paris, early 18th c.
MUSÉE INTERNATIONAL D'HORLOGERIE, LA CHAUX-DE-FONDS, SWITZERLAND

Cadran solaire en argent signé Pierre LeMaire, Paris, début du XVIIIe siècle.
MUSÉE INTERNATIONAL D'HORLOGERIE, LA CHAUX-DE-FONDS, SUISSE

Pocket watch with month, date, equation of time, Robert Robin, Paris, circa 1770.
MUSÉE AUDEMARS PIGUET

Montre de poche à date, mois et équation du temps, Robert Robin, Paris, vers 1770.
MUSÉE AUDEMARS PIGUET

Wristwatch with complete calendar, sunrise and sunset times, moon phases, indication of true noon for Bangkok, Audemars Piguet, 20th c.
MUSÉE AUDEMARS PIGUET

Montre-bracelet à calendrier complet, lever/coucher du Soleil et phases de Lune. Indication du midi vrai de Bangkok, Audemars Piguet, XXᵉ siècle.
MUSÉE AUDEMARS PIGUET

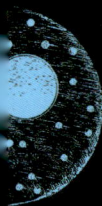

The Universe

Man has always sought to explain the laws that govern the universe, and astronomy is the oldest science.

L'Univers

L'Homme a toujours cherché à expliquer les lois qui régissent l'Univers et l'astronomie en est la science la plus ancienne.

The Universe

The Universe is the totality of galaxies evolving in space and time. It is governed by laws which Man has progressively defined and seeks constantly to expand. Inspired by a model of the Universe, the astrolabe is a projection of the celestial sphere onto a plane surface. It shows the position and path of the stars according to the two parameters of latitude and longitude. The position of the stars is shown at any given time in relation to each other or in relation to the zodiac. The ecliptic (the apparent path of the Sun through the sky) runs through the middle of the zodiac, a band containing the twelve constellations which the Sun and the Moon appear to pass through during the tropical year.

The astrolabe, whose invention is widely attributed to the Greek astronomer Hipparchus, in the second century BC, puts the Earth at the centre of the Universe with all other

L'Univers

L'Univers est l'ensemble des galaxies considérées de manière évolutive dans l'espace et dans le temps. Il est régi par un certain nombre de lois que l'Homme a progressivement définies et dont il cherche inlassablement à repousser les limites. Inspiré d'un modèle de l'Univers, l'astrolabe est un instrument qui permet de représenter sur une surface plane la position et le mouvement des astres sur la voûte céleste en fonction de deux paramètres : la latitude et la longitude terrestres. Il fournit ainsi leurs positions respectives à un moment donné, soit les uns par rapport aux autres, soit par rapport au zodiaque. Le zodiaque est une bande annulaire dont l'écliptique – cercle résultant de l'intersection du plan de l'orbite terrestre avec la sphère céleste – occupe le milieu et qui contient les 12 constellations que le Soleil et la Lune semblent traverser en l'espace d'une année tropique.

Opposite - The Planetary System
Atlas élémentaire simplifié, published by J. Andriveau-Goujon. Paris, 1838

Page opposée - Système planétaire
Atlas élémentaire simplifié, publié par J. Andriveau-Goujon. Paris. 1838

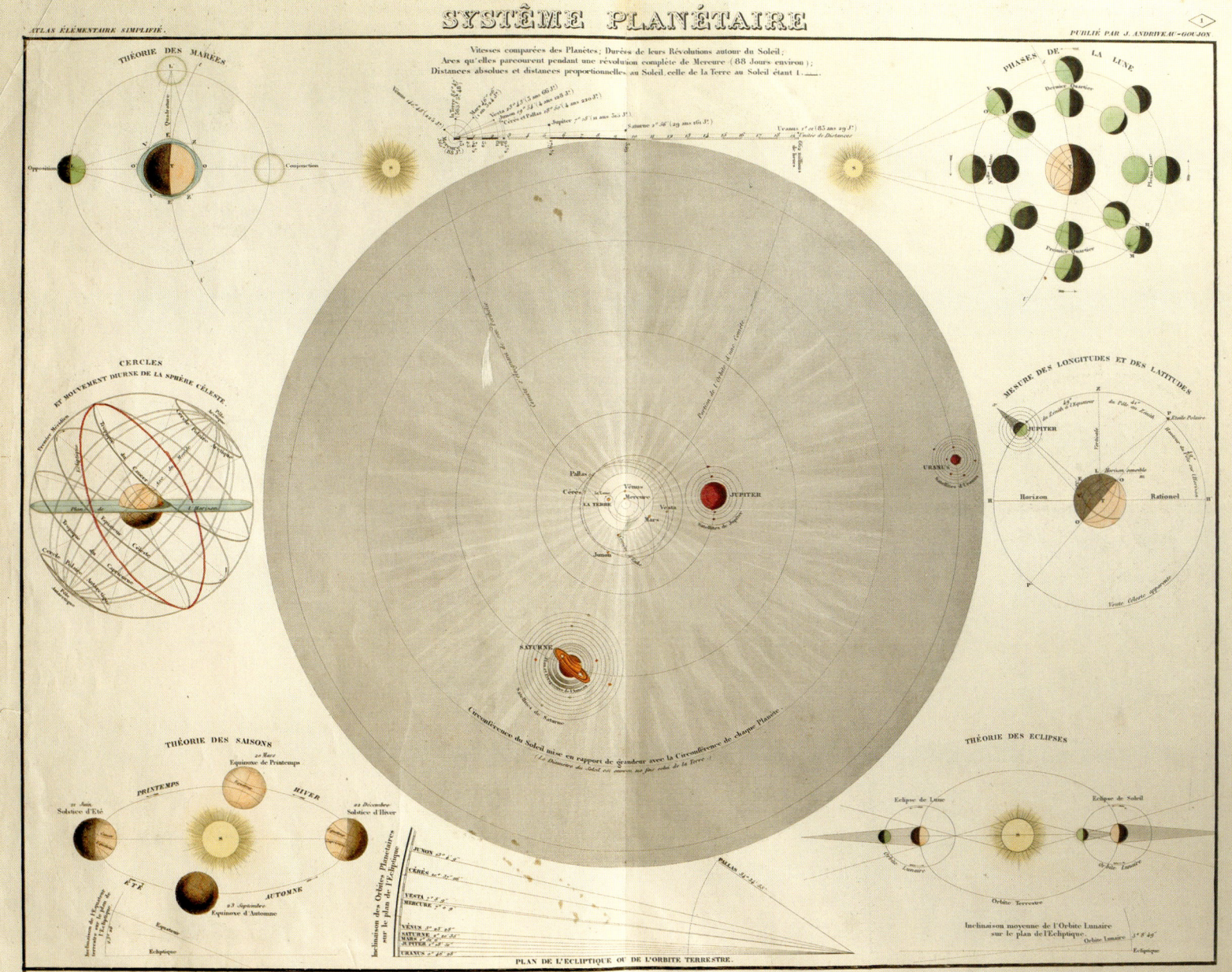

celestial bodies revolving around it. Proponents of this geocentric model included the Ancient Greek scholars Aristotle and Ptolemy. It remained the dominant theory until the late sixteenth century when it was superseded by heliocentrism, which places the Sun at the centre of the Universe.

Despite the hypotheses of a handful of original thinkers of the Classical era, such as the Greek astronomer and mathematician Aristarchus of Samos, the heliocentric model is generally attributed to Copernicus, who was born in 1473 in Royal Prussia. His theories were later expanded on by Kepler and Galileo.

An astrolabe was mounted on certain anaphoric water clocks as of the Roman era. Sometimes combined with an ecclesiastical calendar, from the fourteenth century it became a feature of monumental public clocks, such as those in Strasbourg (1354) and Prague (1410).

During the Renaissance, the astrolabe added information about the stars and planets to the complex clocks that were the prized possession of a wealthy and erudite few. The printed almanac provided the less affluent but literate population with scientific and calendar information.

Whether public or domestic, one of the functions of the astronomical clock was to show the date of Easter according to the Computus. Since 325, Easter is celebrated on the Sunday following the first spring full Moon after March 21st. Consequently, Easter can fall on any day between March 22nd and April 25th.

L'astrolabe, dont l'invention est communément attribuée à Hipparque, astronome grec du IIe siècle av. J.-C., place la Terre au centre de l'Univers. Tous les corps célestes gravitent autour. Ce système appelé « géocentrisme » a été défendu notamment par les savants grecs de l'Antiquité : Aristote et Ptolémée. Il perdurera jusqu'à la fin du XVIe siècle pour être progressivement remplacé par l'héliocentrisme. Cette dernière théorie est une conception de l'Univers qui place le Soleil en son centre. Malgré la pensée clairvoyante de quelques précurseurs durant l'Antiquité, comme l'astronome et mathématicien grec Aristarque de Samos, on attribue en général le principe de l'héliocentrisme à Copernic, né en 1473 en Prusse royale. Ses travaux furent par la suite complétés par ceux des savants Kepler et Galilée.

L'astrolabe était déjà monté sur certaines horloges à eau dites « anaphoriques » dès l'époque romaine. À partir du XIVe siècle, parfois couplé au calendrier ecclésiastique, il apparaît sur les horloges monumentales publiques comme celles de Strasbourg (1354) ou de Prague (1410). Au cours de la Renaissance, l'astrolabe enrichit les pendules d'intérieur les plus techniques de données astronomiques, pendules réservées à l'aristocratie et aux érudits. Pour sa part, l'almanach imprimé apporte ses données scientifiques et calendaires aux lettrés moins aisés.

Monumentale ou d'intérieur, l'horloge astronomique a notamment pour fonction d'indiquer la date de Pâques selon le comput ecclésiastique. Depuis l'an 325, la fête de Pâques est en effet célébrée le dimanche qui suit la pleine Lune et ce, à partir du 21 mars, ce qui explique une fluctuation de 35 jours entre le 22 mars et le 25 avril.

ULTRA-COMPLICATED WATCHES

Pocket watches and wristwatches gradually accumulated additional functions called complications, such as full or perpetual calendar, phases and age of the moon, equation of time, sunrise and sunset times, chronograph and chimes among others. In rare cases they may also display the functions of an astrolabe, a planetary (reproducing the movement of the planets around the Sun) or tellurium (a planetary representing only the Earth, sometimes the Moon and the Sun as well).

Astrologically, the zodiac is divided into twelve signs, still used by many astrologers though they no longer have anything to do with the current position of the stars. Indeed, because of astrophysical phenomena, there has been a shift from the position of the stars when this symbolic division of the sky took place and the position the same constellations now occupy. Whereas originally the spring equinox marked the Sun's entry into Aries, today it finds the Sun in Pisces, which is the equivalent of a whole sign out of kilter with the original cycle.

LES MONTRES ULTRA-COMPLIQUÉES

De poche ou bracelets, elles rassemblent plusieurs fonctions appelées « complications » telles que calendriers complets voire perpétuels, phases et âge de la Lune, équation du temps, lever et coucher du Soleil, chronographe et sonnerie entre autres. Dans de rares cas, elles peuvent également indiquer les fonctions d'un astrolabe, d'un planétaire (reproduction du mouvement des planètes autour du Soleil) ou d'un tellurium (planétaire avec représentation de la Terre uniquement, éventuellement de la Lune et du Soleil).

Astrologiquement, le zodiaque est divisé en 12 signes, toujours utilisés par les astrologues bien qu'ils n'aient plus aucun lien avec la position actuelle des astres. En effet, en raison de phénomènes astrophysiques, on observe désormais un décalage entre la position des astres au moment de cette partition symbolique du ciel et celle que les constellations de référence occupent aujourd'hui. Si originellement l'équinoxe de printemps marquait l'entrée du Soleil dans le signe du Bélier, il se situe aujourd'hui à la même période dans celui des Poissons, ce qui constitue l'équivalent d'un « signe » d'écart par rapport au référentiel d'origine.

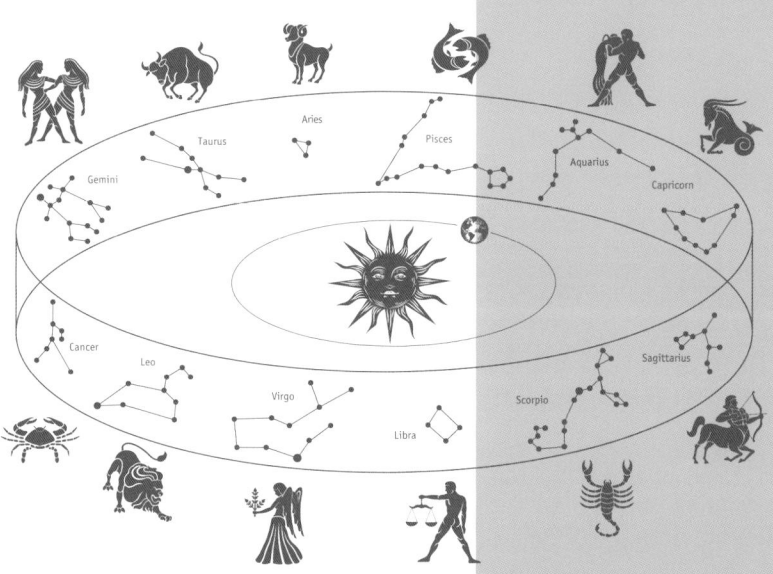

The Astrarium, built in the fourteenth century by Giovanni da Dondi, is a planetary clock which shows the time and displays the motions of the Sun, Moon and the five then known planets - Mars, Mercury, Jupiter, Venus and Saturn - on seven dials.

The first pocket watches displaying astronomical functions appeared in the Renaissance. Most gave their wearer indications such as the day, date, month, phases and age of the Moon, or the signs of the zodiac.

As of the eighteenth century, pocket watches could also show the equation of time, sunrise and sunset times for a given location, tide times, and even a map of the stars and planets.

These various astronomical functions are now most often found on ultra-complicated pocket watches or, more probably, wristwatches. Masterworks of science and technique, these extraordinary timepieces display an array of often highly complex functions: sidereal time, equation of time, sunrise and sunset times, a moving star chart, the angular movement of the Moon, moon phases shown by a hand, in an aperture, or by a three-dimensional globe, lunar and solar eclipses, the position of the stars seen from the Earth, the ephemerides (solstices, equinoxes and seasons), and the signs of the zodiac. Many of these functions are, of course, calculated for a specific point on Earth requested by the wearer.

L'Astrarium de Giovanni de Dondi est une horloge planétaire du XIVe siècle qui affiche l'heure et, sur sept cadrans, les mouvements des « planètes » connues à cette époque (Soleil, Lune, Mars, Mercure, Jupiter, Vénus et Saturne).

Les montres de poche à fonctions astronomiques apparaissent à l'époque de la Renaissance. Elles fournissent en général des indications comme le jour, le quantième, le mois, les phases et âge de la Lune ou encore les signes du zodiaque.

À partir du XVIIIe siècle, les montres de poche se complètent de nouvelles données astronomiques : équation du temps, heures de lever et coucher du Soleil pour un lieu donné, heures des marées, carte du ciel ou encore un planétaire.

Aujourd'hui, ces diverses fonctions astronomiques se retrouvent avant tout sur les montres ultra-compliquées, qu'il s'agisse de montres de poche ou principalement de montres-bracelet. Chefs-d'œuvre de connaissances, de techniques et de savoir-faire, ces garde-temps d'exception présentent tout un éventail de fonctions parfois très complexes : affichage du temps sidéral, équation du temps, heures de lever et coucher du Soleil, cartes mobiles de la voûte étoilée, mouvement angulaire de la Lune, phases de Lune par aiguille, par guichet ou tridimensionnelle, systèmes de prévision des éclipses lunaires et solaires, positions des astres vus de la Terre, affichage des éphémérides (solstices, équinoxes, saisons), signes du zodiaque. Bon nombre de ces fonctions sont évidemment paramétrées selon une localisation bien précise du porteur de montre.

Planetary clock, François Ducommun,
La Chaux-de-Fonds, 1830.
MUSÉE INTERNATIONAL D'HORLOGERIE,
LA CHAUX-DE-FONDS, SWITZERLAND

Pendule à planétaire, François Ducommun,
La Chaux-de-Fonds, 1830.
MUSÉE INTERNATIONAL D'HORLOGERIE,
LA CHAUX-DE-FONDS, SUISSE

Miniature reproduction of da Dondi's Astrarium, Martin Brunold, 2000.
MUSÉE INTERNATIONAL D'HORLOGERIE, LA CHAUX-DE-FONDS, SWITZERLAND

Opposite - Reichenbach equatory astrolabe; contemporary replica.
MUSÉE INTERNATIONAL D'HORLOGERIE, LA CHAUX-DE-FONDS, SWITZERLAND

Reproduction miniature de l'Astrarium de Dondi, Martin Brunold, 2000.
MUSÉE INTERNATIONAL D'HORLOGERIE, LA CHAUX-DE-FONDS, SUISSE

Page opposée - Astrolabe équatorial de Reichenbach, réplique contemporaine.
MUSÉE INTERNATIONAL D'HORLOGERIE, LA CHAUX-DE-FONDS, SUISSE

Easel clock with complete calendar
and moon phases, Cartier Paris, 1910.
COLLECTION CARTIER

Pendulette à chevalet à calendrier complet
et phases de Lune, Cartier Paris, 1910.
COLLECTION CARTIER

Grande Complication wrist chronograph with minute repeater, perpetual calendar, moon phases, IWC, 2007.
IWC MUSEUM

Chronographe-bracelet à répétition minutes, calendrier complet à quantième perpétuel, phases de Lune, Grande Complication, IWC, 2007.
IWC MUSEUM

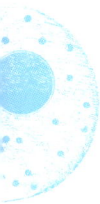

Pocket watch with perpetual calendar, age and phases of the moon, Audemars Piguet, 20th c.
MUSÉE AUDEMARS PIGUET

Montre de poche à calendrier complet à quantième perpétuel, phases et âge de la Lune, Audemars Piguet, XXe siècle.
MUSÉE AUDEMARS PIGUET

Platinum Masterpiece wristwatch
with perpetual calendar, age and phases
of the moon, Blancpain, 1991.
COLLECTION DU MUSÉE D'HORLOGERIE
DU LOCLE - CHÂTEAU DES MONTS,
LE LOCLE, SWITZERLAND

**Montre-bracelet Platinium Masterpiece à
calendrier complet à quantième perpétuel,
phases et âge de la Lune, Blancpain, 1991.**
COLLECTION DU MUSÉE D'HORLOGERIE
DU LOCLE - CHÂTEAU DES MONTS,
LE LOCLE, SUISSE

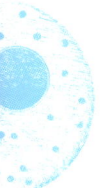

Pocket watch with complete calendar and moon phases, Anonymous, Switzerland, circa 1890.
MUSÉE INTERNATIONAL D'HORLOGERIE, LA CHAUX-DE-FONDS, SWITZERLAND

Montre de poche à calendrier complet et phases de Lune, anonyme, Suisse, vers 1890.
MUSÉE INTERNATIONAL D'HORLOGERIE, LA CHAUX-DE-FONDS, SUISSE

Pocket chronograph with minute repeater, complete calendar and moon phases, dial signed E. Senn, Basel (Switzerland), circa 1907.
PATRIMOINE JAEGER-LECOULTRE

Chronographe de poche répétition minutes à calendrier complet et phases de Lune, cadran signé E. Senn, Bâle (Suisse), vers 1907.
PATRIMOINE JAEGER-LECOULTRE

Double-sided pocket watch with
complete calendar and moon phases,
Vacheron Constantin, 1918.
PATRIMOINE VACHERON CONSTANTIN

**Montre de poche double face
à calendrier complet et phases de Lune,
Vacheron Constantin, 1918.**
PATRIMOINE VACHERON CONSTANTIN

Left - Espada El Primero wrist chronograph with complete calendar and moon phases, Zenith, 1975.
COLLECTION HISTORIQUE DE ZENITH
BRANCH OF LVMH SWISS MANUFACTURES SA

Right - Wristwatch with complete calendar and moon phases, Vacheron Constantin, 1953.
PATRIMOINE VACHERON CONSTANTIN

Gauche - Chronographe-bracelet à calendrier complet et phases de Lune, Espada El Primero, Zenith, 1975.
COLLECTION HISTORIQUE DE ZENITH
BRANCH OF LVMH SWISS MANUFACTURES SA

Droite - Montre-bracelet à calendrier complet et phases de Lune, Vacheron Constantin, 1953.
PATRIMOINE VACHERON CONSTANTIN

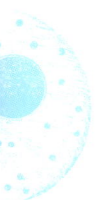

Pocket watch with perpetual calendar and moon phases, Zenith, 1985.
COLLECTION HISTORIQUE DE ZENITH
BRANCH OF LVMH SWISS MANUFACTURES SA

Montre de poche à calendrier complet à quantième perpétuel et phases de Lune, Zenith, 1985.
COLLECTION HISTORIQUE DE ZENITH
BRANCH OF LVMH SWISS MANUFACTURES SA

Pocket watch showing the day and its ruling planet, the month with the duration of the month in days and work to be done in the fields, age and phases of the moon. Day divided into four parts (night, dawn, noon, vespers), Baltazard Faure, Geneva, late 17th c.
COLLECTION DU MUSÉE D'HORLOGERIE
DU LOCLE - CHÂTEAU DES MONTS,
LE LOCLE, SWITZERLAND

Montre de poche à indication du jour et sa planète régissante correspondante, mois avec sa durée en jours et les travaux agricoles à effectuer, phases et âge de la Lune, division du jour en quatre parties (nuit, aube, midi, vêpres), Baltazard Faure, Genève, fin du XVIIe siècle.
COLLECTION DU MUSÉE D'HORLOGERIE
DU LOCLE - CHÂTEAU DES MONTS,
LE LOCLE, SUISSE

The Prague astronomical clock

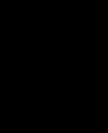

Built around 1410, the astronomical clock on Prague's Town Hall was completed, probably in 1490, with a calendar indicating the Saints' names of the 365 days of the year and providing the data necessary for calculating the date of Easter. The upper dial provides many astronomical indications, the hours then in use in Prague as well as sidereal, official and Italic time. According to the last mentioned, the newday begins 30 minutes after sunset. Every hour and after the passage of the apostles and the crowing of the cock, the clock sets off the 1 to 24 hours strike.

In medieval times, astrology was all-pervasive and every major decision-making depended on the auspicious or inauspicious positions of celestial bodies. These were determined through astronomical indications of large clocks, hence their importance, as here in Prague.

L'horloge astronomique de Prague

Construite vers 1410, l'horloge astronomique de l'hôtel de ville de Prague a été complétée vraisemblablement en 1490 par un calendrier mentionnant le nom des saints des 365 jours de l'année et les données indispensables au calcul de la date de Pâques. Le cadran supérieur fournit de nombreuses indications astronomiques, les heures alors en usage à Prague ainsi que les heures sidérales, légales et italiennes. Selon ces dernières, le nouveau jour commence 30 minutes après le coucher du Soleil. À ce moment qui correspond à notre minuit, l'horloge déclenche une sonnerie de 24 coups. À chaque heure, de nombreux automates s'animent dont un coq qui chante trois fois en battant des ailes.

À l'époque médiévale, l'astrologie était omniprésente ; chaque prise de décision importante dépendait des positions fastes ou néfastes des corps célestes. Celles-ci étaient déterminées grâce aux indications astronomiques des grandes horloges, d'où leur importance comme ici à Prague.

The astronomical dial

DIAL OF THE PRAGUE ASTRONOMICAL CLOCK, seen here at 5:04 am on the summer solstice June 21, 2013:

0:30 Babylonian time; 7:16 Bohemian or Italian time; 5:04 civil or official time; 11:00 sidereal time, maximum height of the Sun above the horizon reached, two days before the Full Moon.

Le cadran astronomique

CADRAN DE L'HORLOGE ASTRONOMIQUE DE PRAGUE, au solstice d'été, le 21 juin 2013 à 5h04 :

0 h 30 temporaires ; 7 h 16 bohémiennes ou italiques ; 5 h 04 légales ou officielles ; 11 h sidérales, hauteur maximale du Soleil au-dessus de l'horizon atteinte, deux jours avant la pleine Lune.

Golden star: 11:00 sidereal time
Étoile dorée : 11 h sidérales

Tropic of Cancer
Tropique du Cancer

Celestial Equator
Équateur céleste

Tropic of Capricorn
Tropique du Capricorne

BLUE ZONE / ZONE BLEUE

Sky visible above Prague. The time indications correspond to the length of daylight.
Ciel visible au-dessus de Prague. Les indications horaires correspondent à la durée du jour de clarté.

The northern hemisphere of the earth (central disk) is shown in the centre of the universe. The axis of the clock's hands passes through the location of Prague.
La Terre (disque central) est représentée au centre de l'Univers. L'axe des aiguilles de l'horloge passe par l'emplacement de Prague.

The curve separating the blue area from the orange area represents the Prague skyline.
Courbe séparant la zone bleue de la zone orangée : horizon de Prague.

MOON HAND / AIGUILLE LUNAIRE

Represented by a sphere, the moon shows its position in the zodiac. It shows phases by turning on itself. Here, June 21, two days before the full moon.
Représentée par une sphère, la Lune indique sa position dans le zodiaque. Tournant sur elle-même, elle indique ses phases, le 21 juin à deux jours de la pleine Lune.

DARK AREA / ZONE SOMBRE

The dark area corresponds to the period of darkness (night).
Correspond à la période d'obscurité (nuit).

SUN HAND / AIGUILLE SOLAIRE

The hand pointing at the Gothic numerals indicates 7:16 Bohemian or Italian time, counted from a half-hour after sunset.
La main, en regard des chiffres gothiques : 7 h 16 bohémiennes ou italiennes, comptées 1/2 h après le coucher du Soleil.

The Sun pointing at the Roman numerals tells 5:04 Civil or Official time while pointing at the Arabic numerals it indicates the first halfhour mark in Babylonian or unequal hours. The Sun, at the top of its annual trajectory, June 21, leaves the astrological sign of Gemini to enter Cancer.
Le Soleil, en regard des chiffres romains : 5 h 04 légales ; en regard des chiffres arabes : demie de la première des heures temporaires ou inégales. Le Soleil, au plus haut de sa trajectoire annuelle, 21 juin, quitte le signe astrologique des Gémeaux pour entrer dans celui du Cancer.

Prague Meridian
Méridien de Prague

ORANGE AREA / ZONE ORANGÉE

Right part inscribed Occasus, West of the Prague meridian. Period of twilight: Crepusculum.
Partie droite, mentionnée Occasus, ouest du méridien de Prague : période du crépuscule : *crepusculum*.

Left, Ortus, East of the Prague meridian represented by the line 12:00 to 0:00 (in Roman numerals at the top and bottom of the dial). Period of dawn: aurora.
Partie gauche, mentionnée Ortus, est du méridien de Prague figuré par la ligne midi-minuit (en chiffres romains en haut et en bas du cadran) : période de l'aurore : *aurora*.

The ecclesiastical calendar

Data from the central disk (fixed and decorated with the City of Prague's coat of arms) and moving outwards:

Le calendrier ecclésiastique

Données fournies depuis le disque central (fixe et décoré des armoiries de la Ville de Prague) et en allant vers l'extérieur :

Coat of arms of the City of Prague
Armoiries de la ville de Prague

Signs of the Zodiac
Signes du zodiaque

Months represented by a farming activity; the current sign and month are aligned with the top of the dial.
Mois représentés par une activité liée à l'agriculture ; signe et mois en cours se lisent à l'aplomb de la partie supérieure du cadran.

Syllables from the old Bohemian calendar, known as cisiojanus, for memorising the order of feasts and saints' days. All these indications are read from a fixed pointer at the top of the calendar.
Strophes de l'ancien calendrier bohémien appelé Zisiojans qui servaient de moyen mnémotechnique pour retenir l'ordre de toutes les fêtes fixes. Ces données se lisent en regard d'un index fixe placé sur la partie supérieure du calendrier.

Date for each of the 365 days of the year. There is no leap day; in leap years, the calendar stays two days on February 28.
Quantième de chacun des 365 jours de l'année, le jour de l'année bissextile ne figure pas ; lors des années bissextiles, le calendrier reste deux jours sur le 28 février.

Dominical letter for each day of the year
Lettre dominicale pour chaque jour de l'année

Name of the saint or fixed feast for each day of the year
Nom du saint ou fête fixe pour chaque jour de l'année

Glossary

Age of the Moon | Lapse of time since the new Moon. On a watch dial, the age of the Moon is displayed from 1 to 29 or 29½ days, which is the time taken for the Moon to orbit the Earth (29 days, 12 hours, 44 minutes and 2.8 seconds precisely).

Anno domini | Circa 525, Abbot Dionysius Exiguus (Dennis the Small) was tasked with enumerating Easter dates as established by the Council of Niceae in 325. He observed that the current calendar did not begin at the birth of Christ, which he dated as 531 years earlier. The year zero being an unknown concept then, he used the designation Anno domini (in the year of the Lord) to mark the supposed year of Christ's birth. Modern historians admit an error of four to six years.

Astrolabe | Instrument originating in Ancient Greece that shows a representation of the sky at a given time, projected onto a plane. One of its uses is to measure celestial altitude (the height of a star above the horizon).

Astronomical year | Year used in astronomy, also known as the sidereal year or tropical year.

Astronomy | The science that studies the relative positions, movements, structure and evolution of celestial bodies.
Celestial mechanics is a branch of astronomy which uses physics and maths to describe the movements (trajectory, rotation, position at a given time, cycles, etc.) of celestial bodies such as stars, planets and asteroids. The measurement of time has an essential role in this discipline.

Autumn equinox | Occurs around September 21st when the Sun is at the autumnal point, one of the points where the celestial equator intersects with the ecliptic. This marks the first day of autumn in the northern hemisphere.

Babylonian hours | A division of the day and night into 24 equal hours, beginning at sunrise.

Calendar | A set of established conventions to align the civil year with the tropical year and establish subdivisions of months, weeks and days.

Canonical hours | The medieval Catholic church divided the day into seven canonical hours - lauds (dawn), prime, tierce, sext (midday), none, vespers

Glossaire

Âge de la Lune | Temps écoulé depuis la nouvelle Lune. Sur le cadran d'une montre, il est indiqué de 1 à 29 jours voire 29 jours et demi, ce qui correspond au temps de la révolution complète de la Lune autour de la Terre, qui fait précisément 29 jours, 12 heures, 44 minutes et 2,8 secondes.

Année | Temps de rotation de la Terre autour du Soleil, incluant le cycle des quatre saisons.

Année astronomique | Année utilisée par les astronomes également appelée « année sidérale » ou « année tropique ».

Année bissextile | Année de 366 jours imposée par Jules César en 45 av. J.-C. dans le calendrier julien. Elle existait déjà dans certains calendriers égyptiens et babyloniens. L'année bissextile revient tous les quatre ans afin de rattraper le retard pris par l'année civile sur l'année solaire.

Année séculaire bissextile | Conséquence du calendrier grégorien de 1582 afin de tenir compte de la valeur approchée de la durée de l'année de 365,2422 jours. L'année séculaire n'est bissextile que tous les 400 ans. Seules les années séculaires divisibles par 400 sont bissextiles.

Année civile | Année déterminée par le calendrier et comportant un nombre entier de jours par opposition à l'année solaire. Civile, elle compte 365 jours ; civile bissextile, 366 jours.

Année commune | Année non bissextile.

Année grégorienne | Basée sur la durée de révolution de la Terre autour du Soleil (365,2422 jours) et référence du calendrier grégorien.

Année julienne | Année du calendrier julien, basée sur une rotation de la Terre autour du Soleil de 365,25 jours. Trop longue, elle entraîne un décalage dans le temps par rapport aux saisons.

Année sidérale | Temps mis pour que, vu de la Terre, le Soleil retrouve la même position par rapport aux étoiles de la sphère céleste.

Année solaire | Temps mis par la Terre pour effectuer une rotation complète autour du Soleil.

(sunset) and compline - and one night hour, matins (midnight). They are, by definition, unequal in length. At equinox, the daytime hours coincide with 6, 9, 12, 3 and 6 o'clock.

Celestial equator | Projection of the terrestrial equator on the celestial sphere.

Celestial sphere | An imaginary sphere used to represent the position of the stars when viewed from the Earth. It contains the annual path of the Sun and defines the twelve constellations of the zodiac.

Century leap year | A consequence of the Gregorian calendar, promulgated in 1582, that takes account of the 365.2422 days in the year. A century year becomes a leap year every 400 years and is exactly divisible by 400.

Civil year | The calendar year comprising a whole number of days as opposed to the solar year. A common civil year has 365 days and a leap civil year has 366 days.

Common year | A year that is not a leap year.

Complete calendar | Displays the date, day, month, moon phases and, often, age of the Moon. Complete or partial, a simple calendar watch does not take account of months with fewer than 31 days, or leap years, and must be manually adjusted five times a year.

Computus | A means of calculating the date of moving religious feasts and particularly the date of Easter on which they depend. Easter falls between March 22nd and April 25th both inclusive.
On a clock, the Computus comprises the following functions:
- Year
- Solar cycle
- Golden number (lunar cycle)
- Dominical letter
- Epact
- Easter
- Roman indiction

Year - Example: 2013

Solar cycle - The position of the year in a recurrent period of 28 Julian years, at the end of which the days of the month fall on the same days of the week, leap years included. This cycle combines the seven days of the week and the four years of the leap cycle: 7 x 4 = 28 years.

Année tropique | Temps qui sépare deux équinoxes de printemps consécutifs (365,2422 jours).

Anno domini | Chargé d'établir les dates de Pâques selon les règles édictées par le concile de Nicée en 325, l'abbé Denis le Petit (Dionysus Exiguus) fait remarquer, vers 525, que le calendrier alors en usage ne commence pas à la date de la naissance du Christ, né selon lui 531 ans auparavant. Omettant de parler de l'année zéro, concept encore inconnu, il utilise la formule Anno domini, qui évoque l'année supposée de la naissance du Christ. Aujourd'hui, les historiens admettent une erreur par défaut de 4 à 6 ans.

Ascension droite | Coordonnée céleste du positionnement d'un point quelconque de la sphère céleste à l'instant « T » par rapport au point d'intersection de l'écliptique avec l'équateur céleste à l'équinoxe de printemps. Ce point s'appelle le « point vernal ».

Elle correspond à la longitude terrestre et s'exprime d'ouest en est en heures, minutes et secondes de 0 à 24 heures ou en degrés de 0 à 360°. Comptée d'est en ouest, l'ascension est dite « verse ».

Remarque : Sur la sphère céleste, l'équateur céleste et l'écliptique, trajectoire apparente du Soleil au cours de l'année, se croisent. Au cours de sa trajectoire, le Soleil passe sur une année par ces deux points appelés « nœuds ». L'un est le nœud descendant lorsque l'astre passe, à l'équinoxe d'automne, de l'hémisphère céleste Nord à l'hémisphère céleste Sud. L'autre est le nœud ascendant lorsque l'astre passe, à l'équinoxe de printemps, de l'hémisphère céleste Sud à l'hémisphère céleste Nord. Ce dernier nœud est le point vernal noté point Pg ou encore point de l'équinoxe vernal ou point de l'équinoxe de printemps.

Le méridien céleste qui passe par le point vernal constitue le méridien céleste origine pour la mesure des ascensions droites. Les coordonnées célestes du point vernal sont : ascension droite égale à 0 heure 0 minute 0 seconde puisque situé sur le méridien origine ; déclinaison égale à 0° puisque situé sur l'équateur céleste. Le point vernal, défini comme l'intersection entre écliptique et équateur céleste, change peu à peu de position à cause des mouvements de précession et de nutation de l'axe de la Terre.

L'heure du point vernal est déterminée à son passage au méridien local. L'horloge de référence est alors réglée à 0 heure 0 minute 0 seconde. Lors de l'observation, l'heure de passage au méridien céleste local de l'astre étudié est notée. On en déduit le temps écoulé entre les deux phénomènes et donc la valeur de l'angle de rotation de l'Univers entre ces deux observations.

The solar cycle is only precise for the Julian calendar which is interrupted whenever a century year is a common year.

The name solar cycle derives from the practice of using this cycle to calculate Sunday.

The first year of the solar cycle corresponds to 9 BC.

The solar cycle for the current year is calculated by adding 8 units to the year and dividing by 28. The remainder plus one unit represents the solar cycle. If there is no remainder, the position in the cycle is 28.

2013+8 = 2021; [2021/28] has a remainder of 5
The position of the year 2013 in the solar cycle is 5 + 1 = 6

The solar cycle increases by one unit each year and begins again at 1 after 28 years.

Dominical letter - A letter that indicates Sunday in a perpetual calendar.

The letters A to G are repeated in order from January 1st to December 31st, with the exception of February 29th.

For example, if January 4th is a Sunday, the dominical letter for the year is a D and every letter D for the common year will be a Sunday. The first Sunday of the following common year will be January 3rd whose letter will be C. Every letter C of that year will be a Sunday. From one common year to the next, the dominical letter drops one position in alphabetical order.

Leap years have two dominical letters. The first applies from January 1st to February 28th; there is no letter for February 29th. A second dominical letter applies from March 1st, one letter back in alphabetic order.

The golden number - The position of the year in a recurrent period of 19 Julian years after which the same moon phases fall in the same order on the same dates. Corresponds to approximately 235 synodic months.

The lunar cycle is out by one day every 304 years.

The lunar cycle is also known as the metonic cycle after it was observed by Meton of Athens in 432 BC. It became known as the golden number after the decision was taken to engrave the numbers of this cycle in gold letters on public buildings.

The lunar cycle began in 1 BC.

The current year's position in the lunar cycle is calculated by adding one unit to the year and dividing by 19. The remainder equals the golden number. If there is no remainder, the golden number is 19.

En 24 heures sidérales, la sphère céleste tourne de 360°.

En 1 heure sidérale, 15 minutes d'angle.

En 1 seconde sidérale, 15 secondes d'angle.

Astrolabe | Instrument remontant à la Grèce antique fournissant une représentation du ciel à un moment donné, en projection sur un plan et qui sert entre autres à déterminer l'instant du passage d'une étoile à une hauteur définie.

Astronomie | L'astronomie est la science qui étudie les positions relatives, les mouvements, la structure et l'évolution des astres.

La mécanique céleste, domaine particulier de l'astronomie, désigne la description des mouvements (trajectoire, rotation, position à un moment donné, cycles…) des corps célestes (astres, planètes, astéroïdes…) à l'aide de la physique et des mathématiques. La mesure du temps y joue donc un rôle essentiel.

Calendrier | Ensemble des conventions adoptées pour faire coïncider l'année civile avec l'année tropique et en fixer les subdivisions : mois, semaines, jours.

Montre à calendrier simple | Affiche le quantième et parfois les noms du jour et du mois.

Montre à calendrier complet | Affiche le quantième, le nom du jour de la semaine, le nom du mois, les phases de Lune et, souvent, l'âge de la Lune. Le calendrier simple, complet ou partiel ne tenant pas automatiquement compte des mois d'une durée inférieure à 31 jours ni des années bissextiles, il doit être corrigé cinq fois par an.

Montre à calendrier perpétuel ou quantième perpétuel (Q.P.) | Tient compte automatiquement des mois de 31 jours et de 30 jours et de la durée du mois de février, que l'année soit ou non bissextile. Sauf si la montre prévoit les années de changement de siècles non bissextiles, il devra être corrigé en 2100, 2200, 2300, mais pas en 2400. Les cadrans « 48 mois » correspondent aux trois années communes et à une année bissextile et sont issus de ceux des montres de poche. Les cadrans « 12 mois », plus lisibles, indiquent les années communes et l'année bissextile par aiguille ou par guichet. Certains quantièmes perpétuels peuvent entraîner les fonctions suivantes.

Numéro d'ordre des semaines de l'année - comptées de 1 à 52.

Millésime - Nombre indiquant le rang d'une année dans une ère religieuse, chrétienne ou autre.

Example: 2013 + 1 = 2014; 2014/19 = 106 with no remainder
The position of the year 2013 in the lunar cycle is 19.

Epact - The epact is the age of the Moon in days on January 1st, i.e. the number of days since the last ecclesiastical moon. It is shown by a Roman numeral from I to XXX.

The epact was introduced by the mathematicians of Pope Gregory XIII to avoid the complex calculations required to determine the ecclesiastical new moon from which the paschal full moon is derived, fourteen days later on or immediately after March 21st.

The epact increases by 11 units from one year to the next. A common year covers 12 lunations of 29.53 days, i.e. 12 x 29.53 = 354.3 days. The year is therefore a fraction of a lunation longer, equal to 365.25 – 354.3 = 11 days approximately. When the epact is greater than XXX, 30 units are deducted corresponding to a lunation of 30 full days.

Several corrections are required:
- Every 19 years, when the golden number is 1, the epact must be increased by one unit.
- At each common century year, the epact must be increased by 11 – 1 = 10 units.
- Over 2,500 years beginning in the year 1500, 8 units must be added, or 7 times one unit every 300 years, then 1 unit after 400 years. This correction is valid for the years 1800, 2100, 2400, 2700, 3000, 3300, 3600, and 4000. It makes up for an imprecision in the golden number due to the slight discrepancy between 19 Julian years and 235 synodic months, which accumulates to 8 days in 2,500 years.

Easter - Since the Council of Niceae in 325, Easter is celebrated on the first Sunday following the full moon after the spring equinox, which can fall on any day between March 22nd and April 25th.

Roman indiction - The position of the year in a recurrent period of 15 years which, in Ancient Rome, was used as the chronology for official documents and tax collection. It is still used in the acts of the Papal Court and was also used to date documents issued by the Venetian Senate.

Conjunction | Occurs when two celestial bodies, seen from Earth, appear so close as to have the same right ascension or the same ecliptical longitude.

Constellation | A group of stars forming a pattern, to which a specific designation has been assigned. The International Astronomical Union recognises 88 constellations.

Heures de lever et coucher du Soleil pour un lieu donné - Lorsqu'un mécanisme à quantième perpétuel entraîne le rouage des heures de lever et coucher du Soleil, l'indication de ces dernières est dite «perpétuelle».

Heure sidérale - Vingt-quatrième partie du jour sidéral, ce dernier étant le temps qui s'écoule entre deux passages consécutifs d'une même étoile dans le plan méridien.

Comput ecclésiastique | Le comput ecclésiastique est un ensemble d'opérations permettant de calculer les dates des fêtes religieuses mobiles et particulièrement celle de Pâques, dont elles découlent. La date de Pâques est comprise entre le 22 mars et le 25 avril inclus. Sur une horloge, le comput ecclésiastique est composé des fonctions suivantes :
- le millésime,
- le cycle solaire,
- le nombre d'or ou cycle lunaire,
- la lettre dominicale,
- les épactes,
- la fête de Pâques,
- l'indiction romaine.

Le millésime - Chiffre qui indique l'année. Exemple : 2013.

Le cycle solaire - Indication du rang de l'année dans une période répétitive de 28 années juliennes à la fin de laquelle les jours de la semaine reviennent aux mêmes places dans les mois, y compris pour toutes les dates des années bissextiles. Ce cycle combine la période des sept jours de la semaine et la période des quatre années du cycle bissextile : 7 x 4 = 28 années.

Le cycle solaire n'est exact que pour le calendrier julien, car ce dernier se trouve interrompu chaque fois que l'année séculaire n'est pas bissextile. Ce cycle a été ainsi nommé, car il était anciennement destiné à trouver le dimanche, jour du Soleil. La série des cycles solaires commence en l'an 9 av. J.-C.

On obtient le cycle solaire de l'année en cours en ajoutant 8 unités au millésime et en divisant le résultat par 28. Le reste de la division ajouté d'une unité représente le cycle solaire ; sans reste, il est considéré comme égal à 28.

Exemple : 2013 + 8 = 2021 ; reste (2022/28) = 5
Rang de l'année 2013 dans le cycle solaire : 5 + 1 = 6

Le cycle solaire augmente d'une unité par année et recommence avec le rang 1 après 28 ans.

La Lettre Dominicale - Lettre qui, dans les calendriers perpétuels, marque les dimanches.

Cosmology | The study and science of the universe.

Date | The position of each day in the month.

Declination | Celestial coordinate defined as the height of a point on the celestial sphere in relation to the celestial equator. The equivalent of terrestrial latitude. Measured in degrees, points north of the celestial equator have positive declinations and points south have negative declinations.

Eclipse | The total or partial occultation of a celestial body by another such as a planet or natural satellite. When an apparently smaller body passes in front of a larger one, this is known as a transit.
A solar eclipse occurs when the Moon passes between the Sun and the Earth, hence only at a new moon.
A lunar eclipse occurs when the Earth passes between the Sun and the Moon, hence only at a full moon.

Ecliptic | From a geocentric view, the circle formed by the Sun on the celestial sphere in its annual trajectory, seen from the Earth. From a heliocentric view, intersection of the celestial sphere with the ecliptical plane containing the Earth's orbit around the Sun. The ecliptic and the celestial equator intersect at two diametrically opposed points called nodes. One is the vernal point corresponding to the Earth's position at the spring equinox.

Epagomenal day | One or more days which are intercalated at the end of the year in a calendar having months of equal duration, to align the calendar with the astronomical cycle it represents.

Ephemeris | A table, published annually, giving the calculated position of the celestial bodies.

Equation of time | The variable difference between solar time or true time (the time taken for the Sun to return to the local meridian) and mean time (one day = 24 hours). This difference ranges between approximately +/- 15 minutes. The equation of time is a means of controlling the uniform time measured by a clock compared with the indications on a sundial.

Equinoctial hours | A division of the day and night into 24 or 12 hours, each of equal length as at the equinoxes. One equinoctial hour is equal to one mean hour as shown on today's clocks and watches.

Les premières lettres de l'alphabet, de A à G, sont répétées dans cet ordre du 1er janvier au 31 décembre, à l'exception du 29 février.

Par exemple, si le 4 janvier est un dimanche, la Lettre Dominicale de l'année est un D et toutes les lettres D de l'année commune correspondent à un dimanche. L'année commune suivante, le premier dimanche sera le 3 janvier, portant la lettre C, et toutes les lettres C correspondront à un dimanche. Ainsi, d'une année commune à la suivante, la lettre dominicale recule d'une unité par rapport à l'ordre alphabétique.

Les années bissextiles comportent deux lettres dominicales. La première sert du 1er janvier au 28 février; le 29 n'en comporte pas. Une seconde lettre est attribuée au 1er mars, reculée d'une unité par rapport à l'ordre alphabétique.

Le nombre d'or ou cycle lunaire - Indication du rang de l'année dans une période répétitive de 19 années juliennes à la fin de laquelle les mêmes phases de Lune retombent dans le même ordre et aux mêmes dates. Cette période correspond approximativement à 235 mois synodiques.

Le Cycle lunaire est en défaut d'un jour tous les 304 ans environ.

Ce cycle a été ainsi nommé, car après sa découverte en 432 av. J.-C. par Méton, la décision fut prise de graver en lettres d'or les chiffres qui l'exprimaient sur les édifices publics.

La série des cycles lunaires commence en l'an 1 av. J.-C. On obtient le cycle lunaire de l'année en cours en ajoutant une unité au millésime et en divisant le résultat par 19. Le reste de la division représente le nombre d'or; sans reste, il est égal à 19.

Exemple : 2013 = 1 = 2014 ; 2014/19 = 106, sans reste
Rang de l'année 2013 dans le cycle lunaire : 19.

L'épacte - Fondamentalement, l'épacte est l'âge de la Lune au 1er janvier, c'est-à-dire le nombre de jours écoulés depuis la dernière Lune ecclésiastique. Elle est indiquée par un chiffre romain, de I à XXX.

Cette donnée a été inventée par les mathématiciens du pape Grégoire XIII pour éviter les calculs fastidieux des dates des nouvelles Lunes ecclésiastiques dont dépend la détermination de la pleine Lune pascale. Celle-ci est fixée au quatorzième jour de la Lune qui atteint cet âge le 21 mars ou immédiatement après.

En général, l'épacte augmente de 11 unités d'une année à l'autre. En effet, une année commune contient 12 lunaisons de 29,53 jours, soit 12 x 29,53 = 354,3 jours. L'année est donc plus longue d'une fraction de lunaison valant 365,25 – 354,3 = 11 jours environ. Lorsque le chiffre de l'épacte

Geocentrism | Model that places a fixed Earth at the centre of the universe.

GMT | Greenwich Mean Time.

Gnomon | An object perpendicular to the ground, such as a tree or a stick, that casts a shadow whose length can be used to approximate the time of day.

Gregorian year | Based on the 365.2422 days it takes the Earth to orbit the Sun and the reference for the Gregorian calendar.

Heliacal rising | Occurs when a star first becomes visible following a period during which it was not visible. This period begins with the heliacal setting, when the star cannot be seen in the light of the setting Sun.

Heliocentrism | Model that places the Sun at the centre of the universe or, in certain models, at the centre of the solar system.

Heure bâloise | A division of the day and night into 12 hours, offset by 60 minutes with noon indicated not by 12 but by 1. This system was in use in Basel, Switzerland, between 1422 and 1798.

Hour | One twenty-fourth of the mean day (mean hour) or the sidereal day (sidereal hour).

Italian (Bohemian) hours | A division of the day and night into 24 equal hours, commencing half an hour after sunset. Until the sixteenth century, Italian hours were converted into unequal hours for the purposes of everyday use.

Julian year | From the Julian calendar. Based on an approximation (365.25 days) of the time taken for the Earth to orbit the Sun. Slightly longer than the solar year, the Julian year gains on the seasons.

Leap year | Year having 366 days, introduced by Julius Caesar in 45 BC with the Julian calendar. Certain Egyptian and Babylonian calendars also included leap years. A leap year occurs once every four years to bring the civil year into line with the solar year.

Legal time | Based on mean time and determined by the government of a country.

Local time watch | A watch whose dial shows the time in locations having different longitudes, prior to the introduction of unified time in 1884.

dépasse XXX, on en déduit 30 unités correspondant à une lunaison de 30 jours entiers.

Plusieurs corrections interviennent :

- Tous les 19 ans, lorsque le nombre d'or est égal à 1, l'épacte doit être augmentée d'une unité.
- À chaque année séculaire non bissextile, l'épacte doit augmenter de 11 − 1 = 10 unités.
- Dans un laps de temps de 2500 ans et en commençant en l'année 1500, 8 unités sont à ajouter, à savoir 7 fois une unité tous les 300 ans, puis 1 unité après 400 ans. Cette correction s'applique pour les années 1800, 2100, 2400, 2700, 3000, 3300, 3600 et 4000. Elle compense une imprécision du nombre d'or due à un léger décalage entre 19 années juliennes et 235 mois synodiques, erreur qui atteint 8 jours en 2500 ans.

La fête de Pâques - Obtenue en fonction des éléments du comput, la fête de Pâques est déterminée depuis le concile de Nicée tenu en 325 et doit être célébrée le premier dimanche après la pleine Lune qui suit l'équinoxe de printemps. Sa date varie donc entre le 22 mars et le 25 avril.

L'indiction romaine - Indication du rang de l'année dans une période répétitive de 15 ans qui, du temps des Romains, était employée comme chronologie dans les actes officiels et le paiement des impôts. Elle est encore usitée dans les actes de la cour de Rome après l'avoir été dans ceux du sénat de Venise.

Conjonction | Instant où, vus depuis la Terre, deux corps célestes apparaissent si proches qu'ils ont une même ascension droite ou une même longitude géocentrique.

Constellation | Groupe d'étoiles dessinant dans le ciel une figure à laquelle est attribué un nom particulier, soit une des 88 régions du ciel délimitée avec précision par l'Union astronomique internationale.

Cosmologie | Science des lois générales qui régissent l'Univers.

Déclinaison | Coordonnée céleste définie comme la hauteur d'un astre par rapport à l'équateur céleste, elle correspond à la latitude terrestre. Elle s'exprime en degrés + si elle est nord ou boréale, en degrés - si elle est sud ou australe.

Éclipse | Phénomène total ou partiel correspondant à l'occultation d'un astre par une planète ou par un satellite naturel. Lorsque le corps occul-

Longitude problem (calculation of longitude) | Plotting a ship's position at sea in latitude and longitude is vital if crew and cargo are to safely reach destination.

Latitude - A terrestrial coordinate whose equivalent on the celestial sphere is declination. Latitude is defined as the angle formed by the equatorial plane, the centre of the Earth and a given point on the globe. Measured from 0 to 90°, a system of latitude was introduced in Antiquity.

Longitude – A terrestrial coordinate whose equivalent on the celestial sphere is the right ascension. Longitude is defined as the angle formed by the meridian of a given location, the centre of the Earth and the Greenwich meridian. It is measured from -180° to +180°.

To calculate longitude, the time at the point of departure is compared with local solar time.

Competitions were held throughout Europe to produce a chronometer that could be relied on in all weathers and conditions. The most important of these was administered by the British Board of Longitude. The winner, in 1761, was John Harrison.

Lunation | Corresponds to 29 days and 12 hours in "ordinary" watchmaking. The lunation is displayed by a disc driven by a 59-toothed wheel. The difference between the astronomical lunation and the "ordinary" lunation is approximately one day after two years, seven months and 22 days. In precision watchmaking, a lunation corresponds to 29 days, 12 hours and 45 minutes. Its disc is driven by a 135-toothed wheel. The astronomical lunation and the precision lunation differ by one day after 122 years and 44 days.

Meridian | An imaginary circle which passes through the Earth's two poles and whose plane lies perpendicular to that of the equator.

Meridian telescope | Instrument for measuring right ascensions and which can point in any direction in the plane of the celestial meridian for the place it is installed.

Because of diurnal movement, all stars successively pass in the meridian plane. For each one, the meridian telescope determines the precise moment of this passage, hence its other name of transit instrument.

For a precise measurement, the time at which the star passes in front of the parallel, vertical lines on the telescope's eyepiece is noted and the mean time calculated from this. The meridian telescope is used in combination with a precise clock which gives the sidereal time for each observation.

tant est de faible dimension, le phénomène prend le nom de « transit ». Une éclipse de Soleil se produit lorsque la Lune se trouve entre Soleil et Terre, donc exclusivement lors d'une nouvelle Lune. Une éclipse de Lune se produit lorsque la Terre se trouve entre Soleil et Lune, donc exclusivement lors d'une pleine Lune.

Écliptique | Du point de vue géocentrique : grand cercle qui, sur la sphère céleste, représente la trajectoire annuelle du Soleil vue depuis la Terre. Du point de vue héliocentrique : intersection de la sphère céleste avec le plan écliptique contenant l'orbite de la Terre autour du Soleil. Écliptique et équateur céleste se croisent en deux points diamétralement opposés appelés « nœuds ». L'un d'entre eux est le point vernal qui correspond à la position de la Terre lors de l'équinoxe de printemps.

Épagomène | Se dit du ou des jours ajoutés à la fin de l'année d'un calendrier composé de mois de longueur égale, afin de corriger le décalage entre les indications du calendrier et le cycle astronomique qu'il représente.

Éphéméride | Table officielle éditée annuellement, où sont indiquées les positions calculées des corps célestes.

Équateur céleste | Projection de l'équateur terrestre sur la sphère céleste.

Équation du temps | Différence variable entre temps solaire ou temps vrai (temps que met le Soleil pour revenir au méridien local) et temps moyen (un jour = 24h). Cet écart peut atteindre environ +/- 15 minutes. L'Équation du temps permet notamment de contrôler la marche d'une horloge, à écoulement uniforme, par rapport aux indications d'un cadran solaire.

Équinoxe de printemps | L'équinoxe de printemps marque l'endroit où l'écliptique coupe l'équateur céleste. Ce phénomène se produisant vers le 21 mars, il marque le premier jour de printemps dans l'hémisphère Nord.

Équinoxe d'automne | L'équinoxe d'automne marque l'endroit où l'écliptique coupe l'équateur céleste. Ce phénomène se produisant vers le 21 septembre, il marque le premier jour d'automne dans l'hémisphère Nord.

Fuseau horaire | Pour uniformiser la mesure du temps dans tous les pays, la Terre est divisée, depuis la Conférence internationale du méridien à Washington en octobre 1884, en 24 fuseaux horaires, le premier étant traversé par le méridien de Greenwich, considéré comme méridien d'origine ou méridien zéro. Tous les points d'un même fuseau ont la même heure légale.

Its dial is divided into 24 equal segments swept by a hand over one sidereal day. A second hand travels the dial in one sidereal hour and indicates 60 sidereal minutes. A third hand gives sidereal seconds, marked by a pendulum. The observer notes the sidereal hour, minute and second from the clock then counts the seconds from this point in time by listening to the pendulum beats. When the observer knows the number of elapsed hours, minutes and seconds in relation to the reference clock, based on the time at the vernal point, multiplying this number by 15 gives the right ascension for the observed star.

Example - Given that:

1 hour corresponds to 15 degrees, 1 minute to 1 minute of angle, and 1 second to 1 second of angle;

2 hours, 43 minutes and 26.7 seconds corresponds to a right ascension of 40° 51' 40.5.

Moon phases | In astronomy, a moon phase refers to a portion of the Moon that is illuminated by the Sun and visible from the Earth. The different moon phases are:

New moon - The Moon is aligned with the Sun and is therefore visible not at night.

Waxing crescent - Corresponds to the reappearance of the Moon in the night sky.

First quarter - The Moon is in quadrature (Moon, Earth and Sun are at a 90° angle) and to the observer in the northern hemisphere resembles the letter "D".

Waxing gibbous moon - The Moon is three-quarters full.

Full moon - The Moon is in opposition and completely illuminated by the Sun.

The sequence is then reversed: waning gibbous moon, last quarter (viewed from the northern hemisphere, the Moon has the shape of a "C") and waning crescent.

Nocturnal | Portable instrument for indicating the time at night based on the relative position of at least two stars.

Nutation | A periodic up and down motion of the Earth's axis of rotation around its mean position.

Opposition | The position of two celestial bodies when at diametrically opposed points in the sky as viewed from Earth.

Géocentrisme | Modèle selon lequel la Terre se trouve immobile, au centre de l'Univers.

GMT | Greenwich Mean Time, temps moyen du fuseau horaire de Greenwich.

Gnomon | Corps perpendiculaire au sol (arbres, branches, etc.) dont la longueur de l'ombre permet de déterminer des moments de la journée.

Héliocentrisme | Théorie qui place le Soleil au centre de l'Univers, ou, suivant les variantes, du seul système solaire.

Heure | Vingt-quatrième partie du jour moyen (heure moyenne) ou du jour sidéral (heure sidérale).

Heure babylonique | Système de décompte des heures égales entre elles de 1 à 24 (grandes heures), dans lequel le jour nouveau commence avec le lever du Soleil.

Heure bâloise | Système de décompte des heures de 1 à 12 (petites heures), décalé de 60 minutes, midi étant indiqué non par 12 mais par 1. Il est utilisé à Bâle de 1422 à 1798.

Heure canoniale | À l'époque médiévale, le monde catholique dénombre sept heures canoniales de jour : laudes (à l'aurore), prime, tierce, sexte (midi), none, vêpres (au coucher du Soleil) et complies ainsi qu'une heure de nuit : matines ; comptées à partir de minuit. Elles sont inégales par définition. À l'équinoxe, les heures de jour correspondent respectivement aux 6, 9, 12, 15 et 18 heures actuelles.

Heure d'été | Heure légale adoptée par certains pays et qui avance d'une heure sur l'heure légale d'hiver, elle-même en avance d'une heure sur celle du Soleil.

Heure équinoxiale ou «des astronomes» | Système de décompte de 1 à 24 (grandes heures) ou de 1 à 12 (petites heures) des heures d'égale durée telles qu'aux équinoxes. Une heure équinoxiale vaut une heure de temps moyen actuel donné par les montres et horloges.

Heure inégale | Système de décompte des heures dans lequel les périodes de jour et de nuit sont respectivement divisées en 12 heures. La durée de chacune est fonction des saisons, toutes sont égales entre elles aux équinoxes (19, 20 ou 21 mars et 21, 22, 23 ou 24 septembre). Ce système a subsisté jusqu'au début du XVIIe siècle.

A planet is in opposition when its apparent geocentric celestial longitude differs by 180° from that of the Sun.

Perpetual calendar | Automatically takes account of the 30 or 31 days in the month and the 28 or 29 days of February. A perpetual calendar watch that does not take common century years into account will have to be manually adjusted in 2100, 2200, 2300 but not 2400. A 48-month dial, borrowed from pocket watches, corresponds to three common years and one leap year. The more legible 12-month dial displays information for the common year and shows the leap year in an aperture or by a hand. Certain perpetual calendar watches also display the following functions:

Number of the week in the year, from 1 to 52.

Year in the Christian or other religious era.

Sunrise and sunset times for a given location. When a perpetual calendar mechanism drives the sunrise and sunset gears, this is known as a "perpetual" indication.

Sidereal time: one twenty-fourth of the sidereal day which is the time between two consecutive passages of the same star across the meridian plane.

Pleiades | A cluster of stars, visible in the northern hemisphere, in the constellation of Taurus. From prehistory to the present, farmers in the northern hemisphere have referred to the Pleiades as a sign to begin sowing or harvest.

Precession of the equinoxes | The conical motion of the Earth's axis of rotation, similar to that of a spinning top. One precessional cycle lasts 25,800 years.

Right ascension | Coordinate of a point on the celestial sphere at a given time, measured at the intersection of the ecliptic with the celestial equator at the spring equinox. This point is known as the vernal point. Right ascension is the equivalent of terrestrial longitude and is measured West to East in hours, minutes and seconds from 0 to 24 hours, or in degrees from 0 to 360°.

Measured from East to West, it is called the sidereal hour angle.

Notes - The celestial equator and the ecliptic, which is the apparent path of the Sun over the year, intersect on the celestial sphere.

Over the course of the year, the Sun passes through two points, known as nodes. The descending node is where, at the autumn equinox, the Sun moves from the northern to the southern celestial hemisphere. The ascending node is where, at the spring equinox, the Sun moves from the

Heure italique, italienne ou bohémienne | Système de décompte des heures égales entre elles de 1 à 24 (grandes heures) et dans lequel le jour nouveau commence une demi-heure après le coucher du Soleil. Jusqu'au XVIᵉ siècle, les heures italiques sont converties en heures inégales pour l'usage courant.

Heure légale ou temps légal | Heure basée sur le temps moyen et fixée par le gouvernement de chaque pays.

Heures locales (montre à) | Montre dont le cadran permet de lire l'heure de localités de différentes longitudes avant l'unification de l'heure en 1884.

Heures du monde (montre à) | Montre qui indique généralement au moyen de plusieurs cadrans secondaires entourant le cadran principal les heures locales (heures solaires vraies) de plusieurs villes du monde souvent choisies en fonction de leur importance politique ou économique avant 1884, année de l'apparition de l'heure universelle.

Heures universelles (montre à) | Montre qui indique la vingt-quatrième partie du jour universel (appelée heure universelle ou heure GMT) et qui commence à minuit sur le méridien origine de Greenwich.

Lever héliaque d'un astre | Réapparition d'un astre après sa période d'invisibilité annuelle, laquelle commence à son coucher héliaque, moment où l'étoile est devenue invisible dans les lueurs du Soleil couchant.

Lunaison vraie | En horlogerie dite «courante», correspond à 29 jours et 12 heures. La lunaison est représentée par un disque qu'entraîne une roue de 59 dents. L'écart entre lunaison vraie et lunaison courante est de l'ordre d'un jour sur une période d'environ 2 ans, 7 mois et 22 jours. En horlogerie de précision, la lunaison vraie correspond à 29 jours, 12 heures et 45 minutes. Son disque est entraîné par une roue de 135 dents. L'écart entre lunaison vraie et lunaison de précision est d'un jour sur une période de 122 ans et 44 jours.

Lunette méridienne | Instrument spécialement destiné à la mesure des ascensions droites et dont l'axe optique peut prendre toutes les directions possibles dans le plan du méridien céleste du lieu où elle est installée. En vertu du mouvement diurne, tous les astres viennent successivement passer dans le plan méridien. La lunette méridienne sert pour chacun d'eux à déterminer l'instant précis auquel s'effectue ce passage, d'où son appellation d'«instrument des passages». Pour obtenir une mesure fine, l'heure du passage d'un corps céleste derrière chacun des fils verticaux et parallèles tracés sur la lentille de la lunette est notée afin d'en faire une moyenne. La lunette

southern to the northern celestial hemisphere. This second node is the vernal point Pg.

The celestial meridian which passes through the vernal point is the prime celestial meridian for the measurement of right ascensions.

The celestial coordinates of the vernal point are: right ascension 0 hour 0 minute 0 second because of its position on the prime meridian; declination 0 degree because of its position on the celestial equator.

The vernal point, where the ecliptic and the celestial equator intersect, gradually changes position as a result of the precession and nutation motion of the Earth's axis of rotation.

The time at the vernal point is defined when it passes through the local meridian, at which moment the reference clock is set at 0 h. 0 m. 0 s. The time at which an observed star passes through the local celestial meridian can then be noted.

The elapsed time between these two occurrences gives the rotational angle of the universe between these two observations.

In 24 sidereal hours, the celestial sphere rotates 360°;

In 1 sidereal hour, 15 minutes of angle;

In 1 sidereal second, 15 seconds of angle.

Sidereal year | Time taken for the Sun, observed from the Earth, to return to the same position in relation to the stars.

Simple calendar | Displays the date and sometimes the day and month.

Solar year | Time taken for the Earth to make one complete revolution around the Sun.

Solstice | Moment when the Sun reaches its southernmost and northernmost positions in relation to the celestial or terrestrial equator. The June solstice (around June 21st) and December solstice (around December 21st) respectively correspond to the longest and shortest days in the year.

Spring equinox | Occurs around March 21st when the Sun is at the vernal point, one of the points where the celestial equator intersects with the ecliptic. This marks the first day of spring in the northern hemisphere.

Summer time | Legal time in certain countries which is one hour ahead of winter time, itself one hour ahead of solar time.

méridienne doit donc être accompagnée d'une horloge la plus précise possible et destinée à indiquer le temps sidéral correspondant à chaque observation.

Son cadran est divisé en 24 parties égales, parcouru par une aiguille en un jour sidéral. Une deuxième aiguille fait un tour en une heure sidérale pour indiquer les 60 minutes sidérales. Une troisième aiguille indique les secondes sidérales. Son pendule bat la seconde sidérale. L'observateur, l'œil à sa lunette, après avoir noté heures, minutes et secondes sidérales de l'horloge à l'instant «T», compte les secondes successives à l'aide du bruit du pendule. Il peut donc connaître à chaque instant l'heure de l'horloge pendant que l'astre se déplace. Lorsqu'il a trouvé le nombre d'heures, minutes et secondes écoulées par rapport à l'horloge de référence basée sur l'heure du point vernal, il lui suffit de multiplier ce nombre par 15 pour avoir l'ascension droite de l'astre étudié.

Exemple : sachant que 1 heure correspond à 15 degrés, 1 minute à 1 minute d'angle, 1 seconde à 1 seconde d'angle,

2 heures 43 minutes 26,7 secondes correspondent à une ascension droite de l'astre de 40° 51' 40 ,5.

Marée | En vertu de la loi de l'attraction, la masse de la Lune notamment attire tous les corps, ce qui provoque les marées des océans et, dans une moindre mesure, celles des mers et des lacs. Ce mouvement de marée affecte également l'ensemble de la croûte terrestre.

Il en est de même pour le Soleil. Lorsque Soleil, Lune et Terre sont en conjonction (alignés), l'action du premier s'ajoute à celle de la deuxième et la marée obtenue est la somme des deux marées que la Lune et le Soleil feraient naître séparément. Les marées atteignent leur niveau minimal lors des premier et dernier quartiers, lorsque les centres de la Lune, de la Terre et du Soleil font un angle droit dans l'espace.

Méridien | Cercle imaginaire passant par les deux pôles terrestres dont le plan est perpendiculaire à celui de l'équateur.

Nocturlabe | Instrument portatif servant à déterminer l'heure de nuit en fonction de l'angle dessiné par certaines étoiles de référence.

Nutation | La nutation est un mouvement périodique de bas en haut de l'axe de rotation de la Terre autour de sa position moyenne.

Opposition | Situation de deux corps célestes qui se trouvent, par rapport à la Terre, en des points du ciel diamétralement opposés. La différence de longitude entre le Soleil et la planète est donc de 180°.

Tide | Because of its gravitational force, the Moon attracts bodies which causes the rise and fall of the oceans and, to a lesser degree, seas and lakes.

This gravitational pull also affects stress in the Earth's crust.

The Sun is also a source of tidal force. When the Sun, Moon and Earth are in conjunction (aligned), the pull of the Sun and Moon results in a tide which has the combined force of the tides which the Moon and Sun would have produced separately. Tides are at their lowest during the first and last quarters, when the centres of the Moon, Earth and Sun form a right angle in space.

Time zone | Since the International Meridian Conference in Washington in October 1884, the Earth has been divided into 24 time zones as a way of harmonising time measurement across the globe. The first time zone is crossed by the Greenwich Prime Meridian. Every point inside a given time zone has the same legal time.

Tropical year | Interval of time between two consecutive spring equinoxes (365.2422 days).

Unequal hours | A division of the day and night into 12 hours each. The length of each hour depends on the season. All the hours are of equal length at the equinoxes (19th, 20th or 21st March and 21st, 22nd, 23rd or 24th September). This system remained in use until the early seventeenth century.

Universal time | Also referred to as Greenwich Mean Time and equal to one twenty-fourth of the universal day which begins at midnight at the Greenwich Prime Meridian.

UTC | Coordinated Universal Time (Temps Universel Coordonné). The primary standard for time signals used in ordinary civil life. UTC differs from International Atomic Time (TAI - Temps Atomique International) by a whole number of seconds. On January 1st 1972 the difference between TAI and UTC was set at 10 seconds, and can be adjusted by inserting a positive or negative leap second. The difference between Universal Time, defined by the Earth's rotation, and Coordinated Universal Time remains within the range of -0.9 seconds and +0.9 seconds.

Vernal point | The point where the ecliptic and the celestial equator intersect. The vernal point gradually changes position as a result of the precession and nutation of the Earth's axis of rotation.

World time watch | A watch with several secondary dials showing local time

Phases de Lune | En astronomie, une phase lunaire désigne une portion de Lune illuminée par le Soleil et vue à partir de la Terre. Les différentes phases de Lune sont :

Nouvelle Lune - La Lune se situe en conjonction avec le Soleil et n'apparaît donc pas dans le ciel la nuit.

Premier croissant - Correspond à la réapparition de la Lune dans le ciel nocturne.

Premier quartier - La Lune se trouve en quadrature (Lune, Terre et Soleil forment un angle de 90°) et se présente à l'observateur sous la forme d'un « p ».

Lune gibbeuse croissante - La Lune est aux 3/4 pleine et de forme bosselée.

Pleine Lune - La Lune est en opposition et se trouve totalement éclairée par le Soleil. Puis l'on retrouve la séquence inversée : Lune gibbeuse décroissante, dernier quartier (la Lune se présente sous la forme d'un « d »), dernier croissant.

Pléiades | Amas d'étoiles qui s'observe dans l'hémisphère Nord, dans la constellation du Taureau. De la préhistoire à nos jours, la présence dans le ciel des pléiades marque le cycle des récoltes pour beaucoup d'agriculteurs de l'hémisphère Nord.

Point vernal | Le point vernal est défini par le croisement de l'écliptique et de l'équateur céleste. Il change de position avec les mouvements de précession et de nutation de l'axe de rotation de la Terre.

Précession des équinoxes | Mouvement conique d'une durée de 25 800 ans de l'axe de la Terre ressemblant à celui d'une toupie lancée.

Problème des longitudes (calcul de la longitude) | Le calcul du point (latitude et longitude) d'un navire en mer est vital tant pour l'équipage que pour les biens transportés.

Latitude - Coordonnée géographique terrestre qui sur la sphère céleste se nomme « déclinaison ». Elle se définit par un angle formé avec le plan de l'équateur, le centre de la Terre et le lieu où l'on se trouve. Sa mesure allant de 0 à 90° est connue depuis l'Antiquité.

Longitude - Coordonnée géographique terrestre qui sur la sphère céleste se nomme « ascension droite ». Elle se définit par un angle formé avec le méridien d'un lieu, le centre de la Terre et le méridien de Greenwich. Sa mesure s'étend de − 180 à + 180°.

(true solar time) in various world cities, chosen for their political or economic importance prior to 1884 when universal time was adopted.

Year | Time taken for the Earth to orbit the Sun and covering the cycle of four seasons.

Zodiac | Annular region of the celestial sphere that extends approximately 8° either side of the ecliptic. The planets of the solar system (with the exception of Pluto), the Sun and the Moon can all be observed within this region. Their apparent paths pass within the 13 so-called "zodiac constellations" named Aries, Taurus, Gemini, Cancer, Leo, Virgo, Libra, Scorpio, Ophiuchus, Sagittarius, Capricorn, Aquarius and Pisces.

In astrology, the zodiac is divided into twelve signs, still used by astrologers despite the fact they no longer correspond to the actual position of the stars, given that the vernal point is constantly moving because of the precession of the equinoxes. While the spring equinox originally coincided with the cusp of the constellation of Aries, astronomically it is now in the constellation of Pisces.

La méthode la plus appropriée pour calculer la longitude est donc d'avoir à disposition tout au long du voyage l'heure exacte du port de départ, afin de la comparer à l'heure solaire locale.

Un chronomètre à la fiabilité indépendante de l'état de la mer, se révèle ainsi indispensable. Si pendant des siècles des concours furent organisés de par l'Europe, l'un des principaux est celui de Londres, résolu par l'horloger anglais John Harrison en 1761.

Quantième | Date ou numéro d'ordre de chaque jour du mois.

Solstice | Moment où le Soleil atteint ses positions les plus méridionale et septentrionale par rapport au plan de l'équateur céleste ou terrestre. Les solstices de juin (vers le 21 juin) et de décembre (vers le 21 décembre) sont les deux moments de l'année où le jour est respectivement le plus long et le plus court.

Sphère céleste | Sphère imaginaire qui permet de représenter la position des astres depuis la Terre. Elle contient, entre autres, la trajectoire annuelle du Soleil et définit les 12 constellations du zodiaque.

UTC | Coordinated Universal Time (Temps universel coordonné). Échelle de temps de référence pour les signaux horaires utilisés dans la vie courante. L'UTC diffère du TAI (Temps atomique international) d'un nombre entier de secondes. La différence entre le TAI et l'UTC a été fixée à 10 secondes le 1er janvier 1972 et peut être modifiée de 1 seconde par l'emploi de seconde intercalaire positive ou négative, afin que l'UTC reste en accord avec le temps défini par la rotation de la Terre avec une approximation supérieure à 0,9 seconde.

Zodiaque | Zone annulaire de la sphère céleste située à environ 8° de part et d'autre de l'écliptique. Les planètes du système solaire (sauf Pluton), ainsi que le Soleil et la Lune, sont observables dans cet espace défini. D'un point de vue astronomique, leurs trajectoires apparentes traversent 13 constellations dites « du zodiaque » qui portent les noms de : Bélier, Taureau, Gémeaux, Cancer, Lion, Vierge, Balance, Scorpion, Serpentaire, Sagittaire, Capricorne, Verseau et Poissons.

Astrologiquement, le zodiaque est divisé depuis l'Antiquité en 12 signes, toujours utilisés par les astrologues bien qu'ils n'aient plus aucun lien avec la position actuelle des astres. En effet, en raison du phénomène de précession des équinoxes, le point vernal se déplace en permanence et il en résulte à ce jour un décalage. Si originellement l'équinoxe de printemps marquait le début de la constellation du Bélier, il se situe astronomiquement aujourd'hui dans la constellation des Poissons.

HH
FONDATION DE LA HAUTE HORLOGERIE

Mission Statement

The FHH was established in Geneva in 2005 to promote values of expertise and innovation, which are those of technical and precious Fine Watchmaking. It is active in Switzerland and internationally to introduce a wide audience to this highly distinctive world of creativity, culture and tradition.

With 27 partner companies and established across international markets, the Foundation is recognized as a global thought leader for the watchmaking profession with a mission to inform, educate and train as well as to lead the fight against counterfeiting.

Mission de la FHH

La FHH a été créée à Genève en 2005 avec comme objectif premier de promouvoir et transmettre les valeurs de la Haute Horlogerie technique et précieuse que sont le savoir-faire et l'innovation.

La FHH multiplie les initiatives en Suisse et dans le monde afin de faire connaître cet univers particulier empreint de créativité, de culture et de tradition. Forte de vingt-sept Maisons partenaires et solidement implantée sur les marchés internationaux, la Fondation se profile désormais comme le « think tank » de la profession avec une mission d'information, de formation et de lutte anti-contrefaçon.

Acknowledgements

We express our sincere thanks to the partner companies who contributed to this book and the exhibition "Horology, a child of astronomy".

We extend our special thanks to Musée International d'Horlogerie, La Chaux-de-Fonds, Switzerland; Musée d'Horlogerie du Locle – Château des Monts, Le Locle, Switzerland; Beyer Clock and Watch Museum, Zurich, Switzerland for the generous loan of pieces from their collections.

We are especially grateful for the assistance and information provided by Professor Mike Edmunds at Cardiff University, Wales, and Mr Yanis Bitsakis of the Antikythera Mechanism Research Project (www.antikythera-mechanism.gr).

We are also indebted to all those whose expertise proved invaluable in the preparation and presentation of this exhibition.

Remark Dates and events are those which are generally accepted on the basis of current research and knowledge.

Photo credits Dominique Cohas, except:
Page 9 Stocktrek Images/Getty Images; **Page 11** M. Dillon/CORBIS; **Page 13** Michelle McMahon/Flickr/Getty Images; **Page 15** Juraj Lipták/State Office for Heritage Management and Archaeology Saxony-Anhalt; **Page 17** National Archaeological Museum, Athens (photographer: Kostas Xenikakis) ©Hellenic Ministry of Culture and Sports/Archaeological Receipts Fund; **Page 19** Nasa/GSFC/Novapix; **Page 33** Nasa/GSFC/ASU/Novapix; **Page 41** Nasa/Novapix; **page 51** D.De Martin/Novapix; **page 71** kps 1664/Roman Sinichkin/Kajano/Shutterstock; **page 73** Oscar Garriga Estrada/Shutterstock

FONDATION DE LA **HAUTE HORLOGERIE**

Avenue du Mail 22 | CH-1205 Geneva
Tel +41 22 307 09 90 | Fax +41 22 307 09 95
www.hautehorlogerie.org

Remerciements

Nous remercions vivement les marques partenaires de la Fondation de la Haute Horlogerie qui ont participé à cet ouvrage et à l'exposition « L'horlogerie, fille de l'astronomie ».

Nous remercions particulièrement le Musée international d'horlogerie, La Chaux-de-Fonds, Suisse ; le Musée d'horlogerie du Locle – Château des Monts, Le Locle, Suisse ; ainsi que le Musée de l'horlogerie Beyer, Zurich, Suisse, pour avoir généreusement prêté leurs pièces de collection.

Nos remerciements sont également destinés au Professeur Mike Edmunds, Cardiff University, Wales, et à M. Yanis Bitsakis of the Antikythera Mechanism Research Project (www.antikythera-mechanism.gr) pour leur aide notamment dans la communication d'informations.

Nous sommes également redevables à tous ceux dont l'expertise s'est révélée inestimable dans la préparation et la présentation de cette exposition.

Remarque Les dates et les événements retenus sont ceux généralement admis en fonction des recherches et de la connaissance actuelle.

Crédits photo Dominique Cohas sauf :
Page 9 Stocktrek Images/Getty Images ; **Page 11** M. Dillon/Corbis ; **Page 13** Michelle McMahon/Flickr/Getty Images ; **Page 15** Juraj Lipták/State Office for Heritage Management and Archaeology Saxony-Anhalt ; **Page 17** National Archaeological Museum, Athens (photographe : Kostas Xenikakis) ©Hellenic Ministry of Culture and Sports/Archaeological Receipts Fund ; **Page 19** Nasa/GSFC/Novapix ; **Page 33** Nasa/GSFC/ASU/Novapix ; **Page 41** Nasa/Novapix ; **Page 51** D.De Martin/Novapix ; **Page 71** kps 1664/Roman Sinichkin/Kajano/Shutterstock ; **Page 73** Oscar Garriga Estrada/Shutterstock